★ 特殊天气 ★

DANGEROUS WEATHER

天气的历史

那一年天气怎样

A CHRONOLOGY OF WEATHER

[奥] 迈克尔·阿拉贝 / 著

刘红焰 / 译

上海科学技术文献出版社

Shanghai Scientific and Technological Literature Press

图书在版编目（CIP）数据

天气的历史：那一年天气怎样 /（英）阿拉贝著; 刘红焰译．
—上海：上海科学技术文献出版社，2014.8
（美国科学书架：特殊天气系列）
书名原文：A chronology of weather
ISBN 978-7-5439-6101-2

Ⅰ．① 天… Ⅱ．①阿…②刘… Ⅲ．①气象学—历史—普及读
物 Ⅳ．① P4–09

中国版本图书馆 CIP 数据核字（2014）第 008695 号

Dangerous Weather: A Chronology of Weather
Copyright © 2004 by Michael Allaby
Copyright in the Chinese language translation (Simplified character rights only) ©
2014 Shanghai Scientific & Technological Literature Press Co., Ltd.

图字：09-2014-110

总 策 划：梅雪林
项目统筹：张 树
责任编辑：张 树 李 莺
封面设计：一步设计
技术编辑：顾伟平

天气的历史·那一年天气怎样

[英]迈克尔·阿拉贝 著 刘红焰 译
出版发行 上海科学技术文献出版社
地 址 上海市长乐路 746 号
邮政编码 200040
经 销 全国新华书店
印 刷 常熟市人民印刷有限公司
开 本 650×900 1/16
印 张 18
字 数 200 000
版 次 2014 年 8 月第 1 版 2016 年 6 月第 2 次印刷
书 号 ISBN 978–7–5439–6101–2
定 价 32.00 元
http://www.sstlp.com

目 录

前言

　　尽管世界上没有人能够不受到天气的影响，但我们所熟悉的天气通常还是对我们很友善的——阳光明媚，空气湿润，但也有变脸的时候。人们很难做到绝对准确地预报天气，但天气情况的确又是可以预料的。如果你提醒人们冬季气候寒冷，或夏季天气炎热，适合室外游泳，人们一定会感到奇怪。一段时间里，起码是在几十年的时间里，天气状况是指一个地区的大致气候情况。

　　然而，天气也经常会出现极反常的情况，对人类造成危害。这本书罗列了反常气候情况。《天气的历史》是《特殊天气》系列丛书中的一部，每部书一个专题。

　　所有反常天气毫无例外会给人类带来损失，乃至威胁生命。这已在过去的历史中得到印证。如今，我们可以通过提前向人们发出警告和完善应急措施而将天气带给人类的危害程度降到最低。即便如此，反常气候具有的人力所不及的巨大破坏力仍将对人类生命财产构成威胁。污染威胁人类及与我们生存在一个星球上的动植物，但它却在一个至关重要的方面有别于危险的天气：人类对污染有不可推卸的责任，并且可以通过大家的共同努力将其降至最低。天气的变化却完全源自大自然，但如果我们人类的某些活动在某种程度上改变了大气内部的化学结构，使天气情况发生了变化，我们就应对此有所警觉。

危险的天气

这套书中的其余几本详尽描述了历史上飓风、龙卷风、暴风雪、旱灾和水灾给人类生活带来的危害，并讲述了目前人们所采取的规避风险、保护生命财产的措施，以及你和你的家人在突遇此类灾难所应采取的应急措施。危险的天气危及人类的生命财产，但绝不是不可预防的，这就取决于在危险到来之前的预测、预防措施的制定和灾难到来时的沉着应对。

反常气候是危险的，但大自然本身的能量也会使很平常的气候情况给人们的生活带来不便，风、雪、干燥的气候和雨都属于这种情况。要想知道它们是如何形成的，就需要了解自然的力量，了解风如何刮过地球表面、什么促使风的形成、云的形成过程、风暴的内部结构、为什么会有风和雾。在你读了这本书之后，这些问题都会迎刃而解。

天气的历史

《天气的历史》一书与《特殊天气》丛书其他几部不同，讲述了过去几千年间的世界气候史。正因为我们所感受到的天气在相对一段时间里没有太大变化，我们会以为气候就是这样春夏秋冬交替变化。我们一提到罗马士兵或中世纪骑士，自然会以为他们生存期间的天气与我们现在的天气并无二致。这样想就大错特错了。那时的天气和现在的天气差异极大。这期间气候一直在变化，而且变化仍在继续。本书还讲述了人类对气候的理解和在预测气象方面所取得的进展。

本书的两大部分都是按事件发生的年代顺序编排的。第一部分讲述历年由于天气原因引发的灾难，所收录的文字资料实例更加丰富翔实。自20世纪90年代以来，飓风、龙卷风、暴风雪、旱灾和水灾频发，并对人们的生命财产构成威胁。这并不是这些年有何特别之处，这些年和以往历年是一样的，只是我们对久远年代所发生的事件不太了解。要知道，飓风和龙卷风会给没有气象预报、完全听天由命的人们带来巨大的损失。

还要提及的是，危险天气现象会波及世界的每一个角落。热带旋风形成于热带地区，但它们却有可能持续相当长时间，甚至给加拿大和欧洲各地带来严重损失，而飓风和暴风雪也会偶尔光顾处在中纬度地区的国家。

本书罗列了人类认知气候和天气预报的重大进展，还详细记载了重要的发明以及因这些发现而闻名的人物。所有这些都是按照年代排序的。

这八本书将引导读者探索大气及气候，激励你更加深入地进行研究，并在未来携自己探索用的气球、仪器、卫星和计算机一起，迈入专业气象学家的行列。

一

天气的历史

　　世人都不可避免地受到天气的影响。我们如果邀请朋友在周末一起野餐，就不会不关注未来几天的天气情况，至于我们能否顺利，能否玩得尽兴也完全取决于天气。

　　当然，受天气影响程度的大小因人而异，有人认为天气的好坏比计划本身还要重要；农民需要了解他们从耕地到收割这一段时间的天气；飞行员和机场地面指挥人员需要了解飞机航行全过程中的天气情况，包括飞机飞行的最佳高度，是否应绕过可能给飞行带来危险的暴风雨，着陆地点是否天气晴好。这些都是与生命息息相关的信息。与此相同，生命维系于小船的渔民也需要了解天气是否适合出海打鱼，如遇飓风等异常天气情况，即使是大船也难逃沉船之厄运，所以，船长必须掌握所行路线的天气变化情况。

　　众所周知，天气在不断变化，在世界的某些地区的变速更快，变化更大。但在湿润的热带地区，天气变化相对要小。也许有人认为，热带雨林地区雨水频繁，而实际情况却不是这样。有时会有相当长一段时间里见不到雨水，出现森林里植物缺水的现象。沙漠地区很少下雨，但世界没有一处从未下雨或下雪的地区。而当沙漠地区下雨，通常还是倾盆大雨。沙漠地区也有城镇，偶尔还会受到洪水侵袭。

正是天气的这种多变性，使得天气预报更加困难。如果天气变化像月相和太阳在太空中的运转一样有规律可循，我们也就不需要天气预报，只需在书中查询即可。倘若知道未来某一特定日子的天气情况，结果又会怎样？那么，众人将会在某一好天中同时出游，海滩、风景区、旅游胜地势必拥挤不堪。

冰雪逐渐消融

上述这些仅仅是一、两天内的短时天气变化。事实上，天气的变化也可以是长时间范围内的。换句话说，天气自身就是一部历史。

一万年以前，人类刚刚开始驯养牲畜、种植食物，但大多数人还是通过采集野生植物来获取食物、衣物、燃料和建房材料，通过捕鱼、赶海、打猎或抢夺老虎和狼的战利品以满足食肉需求。

在北美、欧洲和亚洲，冰川开始消融，最后的冰河时期面临结束。现在的马里兰和弗吉尼亚州，以前的气候条件非常接近现在加拿大和阿拉斯加的气候条件。现在位于犹他州的大盐湖曾是占地2万平方英里（5.18万平方公里土地），深达1 000英尺（300米）的巨大内陆海。那时的人们可以在冰川上，从北美走到格陵兰，再到欧洲。当时的北海几乎是一片陆地，英国通过多佛海峡与欧洲大陆相连，而阿拉斯加则通过白令海峡与西伯利亚相接。人畜随着冰川的消融迁徙至新居。

大量水域由于低温形成冰川，海平面很低，陆地间就连接在了一起。我们至今还能发现过去的海平面的痕迹。当海浪退去，这些海岸就会显现出久远时代留存下来的树木的遗迹。现在的一些港湾在历史上曾经是河谷，海水上升运动淹没了岸边陆地。曾经是远离海岸的山冈，现也在历史变迁中变成了岸边悬崖。随着海洋的推进，陆地逐渐向后退去。

有时海平面会上升，这说明历史上的气温低于现在，极地冰川的面积大大小于现在的冰川面积。冰雪消融，水注入了海洋。我们可以从海岸线边上沙滩的变迁得到佐证。潮汐、海浪的推进，使原来的陆地变成了海域。

移动的大陆板块

冰川时代以前的气候与现在的气候极不相同。现在在世界各地都发现有煤。煤矿多是地下腐烂植物，在热带地区海岸线一带的沼泽地里形成，而煤矿大多不会远离人类生活区。由此推知，现在的煤矿在过去曾是热带海岸沼泽。南极洲有大量煤矿，这就说明那里曾属热带地区。

如果你生活在内陆地区，而土壤却又严重沙化，那么这片土地在历史上就有可能曾是一片沙漠，或是海床上的一片土地。只是这

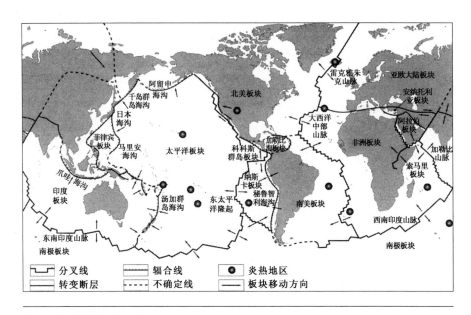

图1 大陆板块构造
地壳分裂后形成板块,板块分裂形成山脊,出现新的岩石,某一板块逐渐消失后出现深沟。

片沙漠从来没有骆驼漫步于其上;这片曾经的海洋从未有海豹、海豚嬉戏于其中,因为这些沙漠和海域早已在地球上出现爬行动物之前就消失了。

这些重大变化无一不是由天气变化而引发。地球上所有的大陆板块都在变化,这使得北美和欧洲板块越来越远,大西洋越来越宽。大陆板块的运动相当缓慢,每年加宽不过大约1英寸(25毫米)左右。通过几亿年的缓慢运动,才形成了现在的宽度。而在这期间,热带地区形成了煤矿。

大陆板块移动,使大陆岩石层破碎。这些碎片有序移动,在相对集中地,它们相遇、堆积,形成山脉。由于印度和欧洲板块相撞,

4

形成了喜马拉雅山脉。形成山脉后的板块仍旧不断运动,这就是喜马拉雅山不断增高的原因。另外一些地区,某板块被压在其他板块之下,有些则分行,而地下热度很高的岩石冲出,在海下山脉的空隙中找寻自己的位置。大西洋就是这样形成的。有的板块沿断层带反向移动。这些在地图中都有标示。

撒哈拉曾是绿色草原

气候不断变化。历史上最后的冰川时代结束时,世界上大多数地区的平均温度高于现在,在2℉—5℉(1℃—3℃)之间。人们在撒哈拉沙漠中心发现有洞穴,内藏距今8 000年前的人绘制的图画。这些画的奇异之处在于它对于当时人们生活的描绘。其中一幅描绘的是人们乘小船在河上捕河马的情景;另一幅则描绘的是人们驱赶着成群牲畜的情景。从这些画面中我们了解到,现在这片世界上最大的沙漠曾经是一片宜人的土地,至少在某些地区是这样。还有进一步的证据能充分说明这一点。乍得湖附近发现的鱼骨和古老的海岸线都显示,这里曾经是广阔的内海。大约5 000年前的撒哈拉就是这样一派雨水充沛、植物繁茂、河水奔流、生机勃勃的景象。

在相当长一段时间里,气候温暖,空气湿润,欧洲的平均气温比现在高出4℉(2℃)左右。然而,气候却逐渐变暖。部分历史学家认为,随着雨水的减少和大片陆地变成沙漠,人们组织起来,获取食物,促发埃及和幼发拉底、底格里斯河流域文明的兴起。受到这一文明影响的不仅仅是中东地区,印度北部的印度河流域和中国也都出现气候逐渐干燥的情况。

从此，气候越发多变，但气候转暖的确是与世界文明的进步同步的。历史上的森林和绿地占有率远远高于现代，过去人类的居住地，现在已很少有人居住了。

气候的变化经过漫长的历史变迁，经历了无数世纪的积淀，平均气温达到几度温差。这看似很小的几度温差却会极大地改变冬夏季节，使正常的夏季变得很冷或很热，冬季显得很长或很短，并会极大地影响人们的正常生活。从历史照片中我们了解到生活在公元前1500年希腊古城迈锡尼的居民着装非常简单，他们只穿单薄的衣服。而几个世纪之后，古希腊居民的穿戴就变得厚重暖和。有记载表明，公元前300年左右，罗马台伯河结冻，冰雪覆盖了相当长一段时间。公元1世纪，意大利气候变暖，很难再在罗马欣赏到雪景。英国的气候与意大利相仿，冬季也暖意融融。公元300年，罗马人占领大不列颠的同时，也把葡萄种植引进英国。从此，英国本土的葡萄种植逐渐完全满足了本地需求，进口葡萄的历史画上了句号。

格陵兰岛上的北欧海盗

气候在公元400年之后恶化，变得越来越冷，风也越来越大。859—860年的冬季，威尼斯附近海域结冰，冰的厚度足以承载满载货物的货车。尼罗河甚至在1010—1011年间出现结冰现象。

北欧各国的气候暖期更长。由埃里克和雷德带领的挪威人在980年左右在格陵兰建立了殖民地，后来发展到3 000人左右，分别居住在大约300个农场。这并不能够说明那里的气候很暖和，适合人居住，而另一个故事却足以说明这一点。埃里克的堂兄托凯尔·法塞克准备宴请埃里克，需要一只羊，而羊却在2英里（3.2公里）以外的一个岛上，恰恰附近又没有船只。对托凯尔来说，这点小事绝不能成为取消宴会的托词。所以，他游到岛上，取回了羊。如果这个故事确有其事，只要海水温度低于50℉（10℃），托凯尔必死无疑。而现在这里的海水温度从来就没有超出过43℉（6℃）。

我们无法对托凯尔下海一事作出考证，但却可以对1000年前后挪威一带栽种燕麦的事实作出肯定答复。尽管在其后的一个世纪里，由于气候变冷，可耕种土地面积缩小。暖期在欧洲南部持续到1300年，这期间，英格兰气温比现在的平均气温高出2℉（1℃），种植出了高品质葡萄。欧洲中部地区的温度甚至更高。

相对来说，北美在700—1200年间气候温暖、潮湿，森林取代了绿地，人们在密西西比河流域的大平原种庄稼。到了大约1150年，几乎是适合人居住的地区都住上了人。一些城镇居民建起了几层高的石楼。人们修建公路、信号台站和输水管道。这是历史上一个顶峰时期，以后随着气候越来越干燥，人们便聚居于河畔区，后来干脆离开了农场和城镇。1300年后，那里几乎成了无人居住区。

小冰河时代

1300年后，在整个北半球气候逐渐变冷，而到了17世纪末达到极致。1690—1699年间，英格兰的平均温度比现在冷2.7℉

（1.5℃）。我们把这一时期称作小冰河时代。阿尔卑斯冰川向前推进，刚刚登陆北美的欧洲居民遭遇了漫长可怕的寒冬。1608年6月，苏必利尔湖边依然结冰，而现在夏季根本无雪的北方土地上，也一年四季冰雪覆盖。

我们现在依然能够感受到小冰河时代对我们生活的影响，它带给苏格兰的是恶劣的天气、饥荒和食品短缺，继而引发人口向世界其他各国的大规模迁徙，有的人干脆当了职业军人。有人说，欧洲在18世纪时没有军队，所以苏格兰军官一说根本不成立。1612年时，苏格兰国王詹姆斯六世将其势力范围扩展至爱尔兰，将两座皇冠收归一人，成了英格兰詹姆斯一世，驱赶爱尔兰农民离开了他们赖以生存的富饶土地，而让苏格兰农民在此安家立业。这一举措缓解了苏格兰的困境，同时加强了詹姆斯六世对爱尔兰的控制。到了17世纪末，北爱尔兰的苏格兰人口已达10万，并以极快的速度继续增长。

小冰河时代在慢慢消亡，这期间温暖的气候与寒冷的气候几乎相等，到了19世纪后50年代彻底结束。这时平均温度再一次开始上升。

温室效应

大多数气候学家都认为，人类向大气中排放各种气体促进了自然气候的变化，并且由于日益严重的温室效应，将直接导致全球性气候变暖。

尽管空气气体在短波阳光辐射的情况下呈透明状态,但还是有部分气体接受了由阳光加热后从地表和海面传导过来的长波热度,形成温室效应。温室气体吸收热量,转而导入空气,使温度升高。水蒸气无疑是温室气体中最重要的成员,但人类活动所释放出的温室气体实际上是燃烧碳质燃料和甲烷,或是水稻沼泽地和牲畜消化系统中的细菌所释出的二氧化碳和一氧化二氮。以前,氯荧光碳化合物(CFC)是冰箱、冰柜、空调和泡沫塑料制品的原材料,因其吸收长波辐射,地位逐渐减弱,被排除出环保材料。如果科学家的猜测准确无误,而人类也继续向大气中排放这些气体,2100年时的全球平均气温就会比现在高出2.5℉—10℉(1.4℃—5.8℃)。

气温升至如此,就达到8 000年前的温度。在那之后,气温也曾出现过阶段性偏高,但却从未超出人们的预期,也从未有过在如此短的时段里温度迅速攀升的情况。现在就对这种预测作出对与错的评判还为时过早,目前经过不断修订完善的预测估计,到21世纪末世界平均温度将升高1.8℉—2.9℉(1℃—1.6℃)。温度以这个速度升高,世界不会发生大的变化,但绝不是说就不存在可能升得更高的可能。这样的推理有可能不正确,但绝不是毫无可能。

今天的天气可能明朗、温暖,而昨天却是潮湿、阴冷,天气就是这样,每天在变,每季不同,而每10年或每个世纪更是有所不同。过去的气候与现在大不相同。气候的故事是充满变数的。古气候学家和科学家通过分析花粉颗粒、树的年轮和冰川下的化学遗迹将逐步揭示出气候的真实面目。

气候如同所有的历史一样,有其自己的历史,这个历史今天仍在继续。我们会逐步深入其中,永无止境。

气象科学史

　　人类关注气象，这一点毫不奇怪。农作物通过吸收阳光和雨水而茁壮成长，反之将会枯萎；家畜赖以生存牧场的好坏也完全取决于气候条件。即使是现在，在世界各地，恶劣的天气带给人们的也许就是粮食颗粒无收和饥荒。

　　反常的、极具破坏力的天气所造成的危害更直接，更显而易见。持续多日的暴雨造成水灾，会夺走成千上万人的生命。无数海员、渔民死于海上风暴。冰雹会在瞬间吹倒农民辛苦种植的庄稼；飓风和龙卷风可摧毁它们行进路线上的所有；而风暴不仅冻死或埋葬人类，还危及所有维系人类生存的家畜。1995年10月的一个晚上，一场由多日暴雪引发的雪崩瞬间吞噬了冰岛的一个村庄。19个家庭、20条鲜活的生命都在一瞬间消失了。1974年12月25日发生于澳大利亚达尔文市的一场龙卷风摧毁了当地90%的房屋。这样的灾难在历史上屡有发生，就是在现代，它们也常在毫无先兆的情况下对人类发起突然袭击。

古代的人们认为，气候是受上天众神的掌控，为对世间的人类进行奖惩的手段。众神时常无端发火，引起世界某个地域雷电霹雳。如果他们心情好，就会赐予人类以雨水和阳光，促进万物生长。在《旧约全书》中就有上帝"命令下暴风雪和平息暴风雪"的描述。

尽管神的情绪反复无常，但是每个神都各司其职，掌管某一特定方向的风。公元前1世纪，希腊天文学家安德罗尼克·塞勒斯设计出可能是世界上第一台气象预报仪。这台名为"风塔"的仪器置于雅典，现在仪器的大部分仍摆在那里。塔呈八面，每面的顶部都有一个管理这个方向来风的神的雕像。北风之神波利斯身披一件斗篷，手拿螺旋贝壳向世间吹风。凯卡斯为东北风之神，挥舞着一张盾牌，向广袤大地抛撒冰雹。年轻的东风之神为阿贝利奥斯特，手拿一件斗篷，里面装满谷粒和果种。年迈的罗斯是东南风之神，裹着一件斗篷以避寒。南风之神诺斯托手持一瓮，向大地喷洒雨露。年轻的西风之神泽菲尔罗斯手持鲜花。西

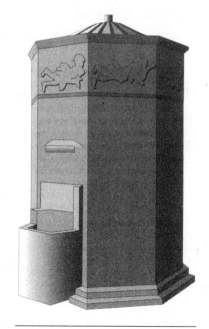

图2　风塔
这可能是世界上第一个气象台站或预报中心。

11

北风之神斯金伦蓄着胡子,手持一个装满木炭和热炭的容器。塔的每个方向又各有一个日晷,塔顶为半人半鱼海神像。海神可随意转向任何方向,手持一棍即风向标。只要他想某个方向刮风,只需用手中小棍一指,此方向即刻风起。他正是靠这根棍掌握气候。他们知道北风强,西风弱,南风携风带雨。人们不仅通过这台仪器掌握气象,还可通过日晷知道时间。这幅图只描绘了风塔,未画半人半鱼神。

风塔上的众神只起提示人们风向的作用。公元前5世纪,希腊知识阶层开始认识到,气候的变化是由自然力引发,绝非神力。风塔也见证着这一真理。

亚里士多德(前384—前322)也持这一观点。他在教导学生时曾说,如果要了解自然现象,就必须现场观测,然后通过直接观察的结果再下结论。这一观点与社会上广泛流传的传统的描述解释大相径庭。亚里士多德的著作涉及多个领域,但写于公元前340年的《气象学》一书却是迄今所知的最早一部科学研究气象的著作。这是"气象学"这一词汇最早的文字记载。他在《气象学》一书中记述了早期埃及和巴比伦人的观念理论。亚里士多德认为,气象指地球表面到月球间区域的大气运动,白天蒸发到天空中的水汽到夜晚仍会下降,形成露珠。如果冷冻,还会结白霜。他认为,雹暴常见于春秋之季,还对许多气候现象提出了新解。

气象学家是研究我们每天所经历的气象状况的科学家,气候则是在相当大的地域里,一个大洲乃至整个世界的天气情况。研究气候的科学家就是气候学家。古气候学家主要研究史前的世界气候。

气象经验

亚里士多德是位敏锐的观察家,但他和他的继承人都没有能够准确进行测量的仪器,他们也不曾做过实验,只是尽量给所看到的事实一个自然的解释。其他一些作者也曾描述过诸如风以及风所带给人们的影响等特殊的天气情况,比如罗马作家普利尼(约23—79)就曾著书说:北风最冷,南风和东南风湿润,西北风和东南风通常很干燥。他所描述的影响意大利的风恰恰与风塔揭示的风向和希腊人所感受到的风不谋而合。

这就是气象经验。气象经验帮助人们通过观察现在、回忆以往的气象情况预知未来的气象。我们现在还是常常利用气象经验,通常屡试不爽。比如,晚霞预示翌日阳光明媚,而早霞则是恶劣天气的前兆。还可以通过对动物的观察,然后利用所占有的气象经验来预测未来气候。这样的预测也有部分是可信的,因为许多动植物对温度和湿度的变化非常敏感。人们很难对公鸡在傍晚打鸣,次日黎明必定有雨的现象作出合理解释,但英国的某些地区就是藉此预测天气。

在测量仪器发明出来以前,气象学家就是靠气象经验预测天气的。他们收集了大量的观测结果,其中还不乏迷信和占星的内容。直到17世纪,科学研究才开始取得长足进步。

仪器的发明

1643年,伽利略的助手伊万杰利诺斯·托里拆利(1608—

图3
这是由伽利略发明的空气温度计，为人类最早的温度计雏形。

1647）通过实验证明为什么不能从30英尺（10米）深的井里泵出水。在他看来水有重力，通过施压使水上升，但空气重力使水只能上升到这个高度。为了证明这一点，他粘住玻璃管的一头，把水银充入里面，再把玻璃管倒置，敞口一面置于水银盘里。这时，水银降至30英寸（76厘米）处。这证明他之前的假设是正确的。

托里拆利后来又发现，水银柱的高度随天气的变化而变化。他由此得出结论，空气的重量和其所产生的压力不是固定不变的。他曾发明过水银气压表，很快证明了水银高度与天气变化有关。

过了几年，英国物理学家和仪器制造者罗伯特·胡克（1635—1709）发明制作的、标有"变化"、"有雨"、"大雨"、"暴风雨"、"晴"、"晴朗无变化"、"非常干燥"的气压表，使人们很容易了解掌握天气情况。胡克发明的气压表就是现在家用气压表的雏形。

法国物理学家纪尧姆·阿蒙东（1663—1705）在1687年发明了湿度表，用于测量大气相对湿度。瑞士物理学家霍勒斯·索绪尔（1740—1799）在1783年发明了毛发湿度计。这就是我们现在广泛使用的湿度表。

此时,还没有测量温度的方式。伽利略(1564—1642)在空气膨胀的理论基础上发明了温度计。图中所示的伽利略的工具是一端有一个灯泡,另一端敞口的真空的管子。敞口的一端浸入彩色液体中。当顶部灯泡中的气体膨胀,又随温度变化而收缩。彩色液体在管里上下运动。遗憾的是,伽利略不懂空气团块体积会随空气压力大小而有所变化这一道理,致使他发明的温度计测量数据不准确。

在以后的数年间,又有一些科学家发明制造了准确得多的温度计,他们的努力在1714年达到高峰。因为在这一年,丹尼尔·加布里埃尔·法伦海特(1686—1736)发明制造了首个水银温度计,同时还制造了以他名字法伦海特命名的华氏温度计。现在世界使用最广泛的摄氏温度计也是以其发明人——瑞典天文学家、物理学家安德斯·摄尔修斯(1701—1744)的名字命名的。他发明的温度计首次把沸点定位在100℃,冰点定于0℃,以后又有所调整。

气象学家从古代起就利用气压表、温度计、湿度计和雨量仪进行大气测量。1983年10月15日,弗朗索瓦斯·皮拉特尔·罗齐尔的新发明问世,把热气球送上了天空,为11月21日皮拉特尔·罗齐尔和马奎斯·阿尔朗德斯的自由飞行铺平了道路。两人从法国巴黎附近的花园起飞,在城市上空飞了5.6英里(9公里)。科学家透过气球飞行的成功,看到飞往更遥远的空间的可能性,真正开始了对太空结构和物理特征的研究。

人们对大气科学的理解逐步增强,但仍然很难知道几百里以外地区的即时天气情况。原因不言自明:在过去,信息传递的最快方式是疾驰的马匹,所以人们收到某地区的天气信息通常都已经是好几天之后的事情了。那时,天气预报是不可能的。

电报与早期天气预报

　　到1844年，接收足够量的信息报告成为可能。就在这一年，塞缪尔·莫尔斯（1791—1872）说服了美国议会为巴尔的摩到华盛顿间铺设电报线路提供资金支持。莫尔斯发明了电报和二进制密码——莫尔斯电码。电报一问世就取得了巨大成功。在其后的20年时间里，法国、美国、英国以及其他一些国家先后建起了气象台站，用电报形式向各地气象台站发送测量观察结果，用于分析和预报。现代气象学在19世纪中叶正式起步。

　　尽管某一地区的天气情况地域性很强，但气象预报系统却能够预报跨越大洲大洋的、从地表一直到5—10英里（8—16公里）高的对流层顶的气象情况。气象学家研究气象系统和气象运动规律，再运用他们所搜集到的信息资料预测未来几天的天气情况。现在，他们利用分布在世界各地的气象台站发布信息、记录，并每隔几小时就对外公布一次测量结果。

　　地面气象台站形成了一个覆盖世界各地的网络，但是分布地点不是十分均匀，北美、欧洲的站点密集，可以提供世界各地的气象云图，而在亚洲、非洲、南美分布较少，大洋上就少而又少了。

　　气象台站测量风力、风向、温度、湿度、气压、云形、云量及可见度。有的台站每小时测一次，有的6小时测一次。所有台站上无论位于地球哪一个角落，都以世界时为准，报告测量结果。世界时（UT）就是英格兰的格林尼治时间，所以各个台站都在同一时间报告测量结果。

气象气球

　　一些台站在地面测量天气情况,还有些台站利用无线电高空测候仪在高空取样测量。"探测气球(radiosondes)"是个法语词汇,指测深索,即测量船下海水的深度。气象气球因其进行测量,再将结果发送回接收站而被叫做无线电高空测候仪。无线电高空测候仪用于测量平流层中部,距地面8万英尺(24.4公里)高的大气情况。

　　要保证世界各地的测量结果能够在一特定时间内整理加工成为内容翔实可靠的云层图,世界各地的气象台站就要统一在格林尼治时间午夜和正午两次发布测量观察结果。位于华盛顿的美国国家气象中心每天收到大约2 500组由无线电高空测候仪发回的信息。

　　气球本身是一个直径大约5英尺(1.5米)、充满氢气的圆球,底部有一个约100英尺(30米)长的缆线和一个仪器包。缆线必须保证这个长度,气球周围的大气运动才可能不受到仪器读数的干扰。标准的仪器包中装有高灵敏度的温度湿度仪,用于测量湿度;一个气压表,用于测试气压。还有定时器和在规定时间打开、关闭仪器的开关;一个无线电发射机、充电电池和一个用于仪器安全返回地面的降落伞。

　　气球发射出去以后,无线电高空测候仪就以每秒15英尺(4.5米)的速度平稳升上天空。随着气球的升高,体内的氢气膨胀。当升至8万英里(24.4公里)的高度时,气球爆炸,所有仪器乘降落伞返回到发射台站。在整个飞行过程中,无线电高空测候仪不断向地面台站发送测量结果。

　　除了仪器,无线电高空测候仪还要在气球下部携带一个雷达发射器,反射雷达脉冲,记录无线电高空测候仪的工作。雷达发明以前,人们用肉眼观察气球。气球一旦进入云层,立刻就从人们的视线中消失。

在无线电高空测候仪升高的过程中,无线电高空测候仪随风水平前行,而风却在不同气层中改变方向和速度。由研究风向雷达反射器在高空接收到的信号跟踪的气球也被叫做雷达气球。这类跟踪收集的各个气层的风速、风向信息相当精确。在未来的年代里,雷达气球将利用全球定位系统预告风向的准确位置。

气象卫星

自从1960年发射第一颗气象卫星(TIROS-1),气象卫星在气象系统跟踪过程中的作用日益凸显。它们向地面发回仪器测量数据和在一个或多个可见光波长中或在红外区中拍摄的照片。

气象卫星要发射进两种形式的轨道:固定的或极地的轨道。固定轨道上的气象卫星也叫做地球同步轨道或克拉克轨道(因亚瑟·克拉克首先提出这个轨道)卫星,基本上保持在与地球表面相对固定的位置。卫星要保持在轨道内运行,因为它向前行驶的速度要与地球吸引力相互抵消。如果行驶的速度不够快,卫星就会掉到地面;而如果行驶过快,又会驶离轨道,进入下一个轨道或完全离开地球。卫星随惯性前行,因而不会落下来。如果卫星在大约2.237万英里(3.6万公里)的高度(相当于地球半径的5.6倍)的赤道上方的轨道以与地球旋转相同的方向运行,24小时绕行一圈。地球用同

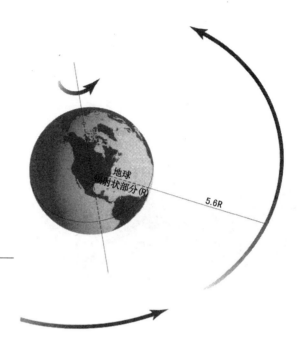

图4 固定轨道

卫星与赤道在同一位置上。

样的时间转完一圈,卫星就处在地球上方一个固定的位置。在这个高度,卫星所携仪器可以拍摄整个半球,只需20分钟就可拍下全部。图4为固定轨道。

因为固定轨道上的卫星有着非常开阔的视野,人们通常以为有一到两个类似的卫星就足够了。而实际上,轨道上有许多的卫星在监测大气。应用技术卫星Ⅰ号(ATS-1)是于1966年12月由美国发射的首枚气象卫星。1974年同步气象卫星(SMS)取代了ATS系列,而首枚固定操作环境卫星(GOES-1)在1975年10月16日发射成功。

固定操作环境卫星总共发射12枚(其中一次失败),其中两枚在任何时间都处在工作状态,一枚观测北美东面、大西洋西面和南

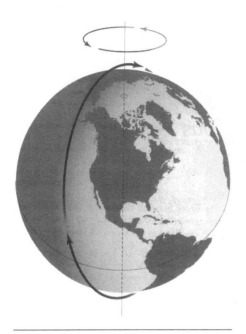

图5　极地轨道
在距离南北极很近的卫星轨道上运行。

美的西面。另一枚观测北美西面、北太平洋的东面，远至夏威夷和南太平洋的东面。两颗卫星均为每隔半小时向地面传送一次数据信息。

欧洲航天局研制了气象卫星Meteosat系统和Meteosat二代系统。日本人运行了5枚固定气象卫星（GMS）和2枚多功能运输卫星（MTSat）。印度政府运行了11枚印度国家卫星（INSat），俄罗斯则操作了后更名为Elektro的固定操作气象卫星（GOMS）系列。中国则负责2枚风云（FY）卫星。

从卫星图像可以看出云层的分布，但却看不到云层下面。这一现状会随着云层卫星项目的实施而发生改变——云层卫星项目是美国宇航局地球系统探路者任务的一部分。云层卫星计划于2004年在加利福尼亚韦纳什堡空军基地由三角火箭送入运行轨道，用两年的时间测量云层的高度和厚度以及云中水、冰的含量等等。携有先进的、包括专门用于研究云层的雷达装置的太空飞船将与其他卫星同在太空轨道中运行。这些卫星包括美国宇航局负责的Aqua和Aura卫星，法国太空机构的PARASOL卫星和由美国宇航局与法国太空机

20

构共同负责的CALIPSO卫星。

极地轨道卫星在离北极和南极很近的位置每102分钟绕地球一周。图中是一幅典型的极地轨道图。极地轨道运行卫星在大约530英里（850公里）接近地球半径1/7的高度绕行。有些卫星与太阳同步运行，始终保持在一个与太阳相对应的位置。太阳同步轨道从某一角度穿过子午线，可以保证卫星在地球上任何一处飞过。

美国电视红外线观察卫星（TIROS-1）是首枚进入极地轨道的气象卫星，此后来共发射了10枚同系列TIROS卫星。1966年，首枚环境科学服务管理卫星（ESSA）采用了TIROS操作系统，发射成功。美国在1964年到1978年间发射了几枚雨云号卫星（Nimbus）。俄罗斯的极地轨道气象卫星都属于Meteosat系统卫星，首次成功发射于1969年。中国也发射了3枚风云卫星。

卫星和地面站的资料信息都被送到中心站，然后输入精密电脑中，对从报纸和电视上的画面资料进行加工处理。只要有必备的装置仪器，就可以收到气象卫星传送出来的数据和图片。

世界气象组织为联合国下设机构，专门负责世界各国共同研究气象气候。美国国家海洋大气管理局专门负责全国气象服务。英国气象部门收集整理，发布天气预报和其他相关信息。

我们每天接收的天气预报只是这些组织提供的服务项目中的一部分，他们还为船只、飞机、渔民、农民、登山者和其他一些专业人员提供特殊天气资讯。

破坏性气候年表

5 000年来的危险气候

大约公元前3200年

● 幼发拉底河流域发生水灾,洪水淹没了乌尔市(属现在的伊拉克)和周围村庄。1929年,考古学家在8英尺(2.4米)深处发现了当年洪水淹没的遗迹。

大约公元前2200年

● 干旱、时而伴有可怕的风暴,使地中海和近东、远东的大部分地区的沙漠面积增大,庄稼颗粒无收。正是这次可怕的旱灾使阿卡德帝国、古埃及王国(埃及大金字塔建于此期间),巴勒斯坦的几座青铜时代城市,克里特和希腊文明,印度河流域的莫亨米达罗和哈拉帕城毁灭。尘土淤积、湖泊水位下降和海洋中的沉积物都向我们讲述着这次给附近地区国家人民带来灭顶之灾的干旱。

245年

- 洪水淹没了英格兰林肯郡成千上万亩土地。

大约300年

- 亚洲中部的干旱与内战给游牧民族入侵中国北部造成机会,使得晋朝灭亡。逃往南方的难民对中国南部、朝鲜和日本的文明发展起到了推进作用。

大约520年

- 肆虐的暴风冲毁威尔士卡迪根海湾堤坝后,将一个沿岸县全部淹没。

678年

- 英格兰发生一场延续3年的大旱灾。

1099年

- 英格兰和荷兰海湾发生暴风雨,10万人在灾难中丧生。

1103年

- 8月10日的狂风给英格兰农作物造成巨大损失。

1140年

- 一场龙卷风给英格兰沃威克郡等地造成重大损失。

1246年

● 美国暴发严重干旱。此次大旱一直延续至1305年,最严重的是在
  1276—1299年。

1276年

● 英国连续3年干旱。

1281年

● 中国南海上的一场台风摧毁了朝鲜舰队的大部分船艇。船上是准
  备进攻日本的蒙古军队。这场使日本免受外国侵略的大风被认为
  是上帝赐予的"神风"。

1305年

● 英格兰发生旱灾,粮食大面积减产,许多牲畜死亡。旱灾引发天
  花,夺走多人生命。

1333年

● 11月4日,意大利阿尔诺河洪水泛滥,夺走300人的生命。

1353年

● 英格兰发生大旱,从3月起持续到7月末,引发饥荒。

1421年

● 4月17日,海水冲毁荷兰多特堤岸,造成大约10万人死亡。

1558年

- 7月7日,英格兰诺丁汉姆发生龙卷风,诺丁汉姆市内一英里内的房屋、教堂全都被大风毁坏,一个小孩被刮到100英尺(30米)的高度,又摔到地面,树被连根拔起吹到200英尺(61米)外的地方,有5—6人在灾难中丧生。

1592年

- 12月16—17日,尼日尔河河水泛滥,吞噬了马里和颂哈国王的首都大都廷巴克图市,大批人口迁徙。几内亚遭遇罕见大雨,引起河口处水灾。

1638年

- 10月21日,星期日,英国西南部一座教堂里的人们正在做礼拜,龙卷风伴随着电闪雷鸣突然袭击了这里。不同版本的说法说有5—50人在灾难中死亡。

1642年

- 正当李自成领导农民起义,准备夺回被占领的开封,黄河洪水泛滥,有大约90万人丧生。

1654年

- 法国中部发生持续数年的大旱。佩里格地区的人们聚到圣萨比娜神殿,祈求赐雨。

1666年

- 英格兰大旱,泰晤士河水水位大幅下降,直接威胁到以水为生的船工。9月,伦敦的木质结构建筑都干到一遇火星即燃的状态(伦敦大火即发生在这段时间)。

1674年

- 3月8日,一场暴风袭击英格兰和苏格兰边境地区。暴风持续了整整13天。
- 12月21日,一场大风席卷苏格兰,将森林树木连根拔起。

1703年

- 11月26、28日,英吉利海峡生成的飓风袭击了英格兰南部海岸,摧毁1.4万所民居,8 000人丧生。普利蒂斯附近的埃蒂斯通灯塔被毁,12艘战船沉没。伦敦当地的损失估计在200万英镑(合现今兑换价360万美元)。

1726年

- 3月,发生于英格兰南部的洪涝灾害提升了泰晤士河水位,淹没了索尔兹伯里教堂。

1730年

- 英格兰发生旱灾,一直持续到1734年6月。

1740年

● 11月1日，一场飓风突袭伦敦。

1757年

● 11月12日，利菲河水泛滥，给都柏林造成巨大损失。

1762年

● 2月，一场持续18天的暴风雪袭击英格兰，造成50人死亡。

1780年

● 10月，一场被叫做"大飓风"的加勒比风暴横扫西印度。驻扎在巴巴多斯的英国舰队和驻扎在2 000英里（3 200公里）以外墨西哥湾的西班牙舰队均遭受巨大损失。

1813—1814年

● 烟雾在英国伦敦上空久久不散，从1813年12月17日持续到1814年1月2日。

1824年

● 俄罗斯的涅瓦河冰块淤积，引发圣彼得堡和港口城市喀琅施塔得特水灾，1万人被淹。

1829年

● 8月3、4、27、29日，苏格兰莫里郡发大水，被人称作"莫里大水"，许多人在大水中丧生。

1831年

- 飓风袭击巴巴多斯,1 477人在飓风中丧生,房屋建筑和停泊在港口的船只损失惨重。

1852年

- 9月,英格兰中部连降大雨,引发大面积洪水泛滥,整个塞汶谷汪洋一片。

1853年

- 暴雨把夏季的英格兰变成海洋,庄稼和牲畜遭受重大损失。

1854年

- 11月14日,正值克里米亚战争期间,一场飓风袭击了停泊在塞瓦斯托波尔的海军舰队,吞噬了部队冬天的供给。

1865年

- 6月,一场龙卷风突降美国威斯康星州维罗卡地区,摧毁80座建筑物,死亡20人。

1873年

- 英国伦敦冬季烟雾导致1 150人丧生。

1875年

● 11月15日，英国泰晤士河涨水，河水水位涨幅达28英尺（8.5米），使伦敦地区发生洪水。

1876年

● 巴卡干旋风在孟加拉湾上空形成，向北移动，与季风汇合，引起恒河水位上涨，恒河三角洲和大陆遭受洪水之灾，10万人淹在水中达半小时。

1879年

● 12月28日，星期日，横跨福斯湾的泰河遭遇暴风雨，当时正有一列邮政列车由爱丁堡开往丹迪。有报道说，大桥同时遭遇两股龙卷风，火车掉入河中。火车上乘客具体数字不详，有75—90人在事故中丧生。

1881年

● 10月8日，中国一场台风造成大约30万人丧生。

1887年

● 9月10日间，中国黄河成都段决口，河南、山东、河北等省遭遇特大洪水。洪水冲过1 500多个城镇村庄，淹没了大约1万平方英里（2.59万平方公里）土地，死亡人数在90万—250万人之间。

1888年

- 1月11—13日,美国蒙大拿、南达科他、明尼苏达州遭遇有史以来最大的暴雨。
- 3月11—14日,一场暴雪以每小时73英里(113公里)的速度袭击了美国东部从切萨皮克湾到缅因的地区,温度降至0℉(−18℃),纽约东南和新英格兰南部降下平均40英寸(1 016毫米)的大雪,400多人丧生,其中有200人为纽约市人。
- 3月28日,一场暴风雪给新西兰惠灵顿造成巨大损失。

1891年

- 2月7日,连续多日的暴雪给美国内布拉斯加、南达科他和其他州造成人员伤亡。
- 3月9日和13日,英格兰南部暴雪夺走60多人生命,飓风毁坏英吉利海峡的14艘船只。

1892年

- 1月6日,美国佐治亚和周边各州发生旋风,死亡多人。

1894年

- 11月15日,英国泰晤士河水泛滥,淹没牛津和温莎,引发洪水,造成重大损失。

1900年

- 9月8日,4级飓风袭击美国德克萨斯州的加尔维斯顿。飓风中有

6 000人死亡,5 000人受伤,城市一半建筑物被摧毁。

1903年

● 6月14日,下午4—5时,布鲁山脚的威洛河流域突降大雨,在俄勒冈赫普纳一带形成洪水,247人在洪水中丧生。

1919年

● 佛罗里达基斯遭遇4级飓风,900人丧生。

1922年

● 1月15日,一场飓风伴着暴雨袭击了阿尔及尔塔曼拉塞特一带。大雨持续至次日,席卷了所经之路上的小房屋和花园,摧毁了福古德城堡,城堡倒塌压死22人,另有16人在飓风中或死或伤。

1925年

● 3月,一场连续发生7次的龙卷风从美国密苏里刮向伊利诺伊,又到印第安纳,全程达437英里(703公里),其中的一次龙卷风在3小时之内狂刮了120英里(193公里)。总共有689人丧生。3月18日,在马里兰州安纳波利斯,数列旅客列车被刮翻,50辆汽车被刮起到房顶高度,旋即又落到附近地面上。

1927年

● 由于始于1926年的大雨使美国密西西比河于1927年4月泛滥,主河道水位上升。河水回流,又使支流水位上升,引发洪水。洪水淹没了7个州的2.5万平方英里（64.75多万平方公里）土地。在某些地区，水位达18英尺（5.5米）深，80英里（129公里）宽。受洪水影响最重的地区有路易斯安纳、阿肯色和密西西比州。7月水势开始减弱。官方公布的死亡总数为246人，65万人失去家园。

1928年

● 一场突如其来的4级飓风袭击美国佛罗里达奥基乔比湖，继而引发洪水，死亡人数达1 836人。

20世纪30年代

● 美国密西西比河流域以西的大平原发生特大旱灾，受灾最重的地区为堪萨斯和达科他州。1933—1935年间，土壤贫瘠，土地龟裂，遇风扬尘。最严重的几次风暴形成于1934年和1935年间，扬沙刮到了大西洋海岸，大平原上80%的土壤沙化。从这次最严重的干旱之后，人们习惯上把这里叫做"沙尘碗"。有大约15万人迁离此地。大平原还在1825年、1865年、1863—1864年、1894—1895年、1910年、1936年、1939—1940年、20世纪50年代和20世纪60年代发生过旱灾。

1930年

● 12月1—5日，一场夹带着工业污染物的浓雾迷漫在比利时的马斯河谷上空，死亡人数达60人，另有几百人因此染病。

1931年

● 中国的黄河分别于7月和9月发生洪涝灾害，淹没3.4万平方英里

（880万平方公里）土地。估计有100万人口死于洪水和由洪水带来的饥荒和传染病，8 000万人口流离失所，无家可归。

大雨使中国长江水位上升97英尺（30米），死亡370多万人，多数是由洪水引发的饥荒造成的。洪水造成的损失估计为14亿美元。

1935年

● "五一"国际劳动节期间，美国佛罗里达州基斯一带遭遇飓风，平均风速达每小时150—200英里（240—320公里），408人在飓风中丧生。

1937年

● 1月，美国俄亥俄河盆地连降大雨，雨水流入密西西比河，在伊利诺伊州凯罗一带水位达63英尺（19米），水势回流进入这两条河的支流，洪水淹没大约1.25万平方英里（32.375万平方公里）土地，冲毁了1.3万多座房屋，137人丧生。洪水造成的损失估计在4.18亿美元。

1938年

● 一场3级飓风袭击新英格兰州，造成600人死亡。
● 6月，国民党部队炸堤放水，试图阻挡住日本军队进入重庆，引发了黄河泛滥。河水一泻千里，淹没中国河南、安徽、江苏三省44个县，洪水造成89万人丧生，千百万人流离失所，无家可归。

1944年

● 驻扎在菲律宾海的美国海军舰队在海上遭遇台风科布拉。台风风速达到每小时130英里（209公里），掀起了70英尺（21米）高的大浪。3艘驱逐舰沉没，150艘航空母舰被摧毁，790名海员丧生。

1948年

● 10月，宾夕法尼亚州多诺拉的污染造成浓雾，17人死亡，6 000人患病。

1950年

● 11月24日，由于氢硫化物泄漏，墨西哥波萨里卡发生空气污染，22人死亡，320人患病。

1952年

● 英格兰西南埃克斯莫尔突遇暴雨，使本来土壤水分就已饱和的地区24小时内水位上涨了9英寸（229毫米）。8月15日夜晚，莱茵河西部和东南部突发洪水，淹没了海边村庄，把22.4万吨（20.3多万公吨）的碎石瓦砾冲到岸边。总共有34人丧生，93座房屋倒塌，善后修理的费用达200万美元。

● 美国中西部的密西西比河支流尼什纳波特纳河发洪，淹没6.6万英亩（2.67万公顷）农田。

● 12月5—9日，伦敦大雾迷漫，至少4 000人死亡。

1953年

- 1月31日夜晚,一场风速达每小时100英里(160公里)的暴风雨刮过北海,引发洪灾,英格兰、荷兰、比利时一带约2 000人丧生,成为英国20世纪最严重的一次自然灾害。
- 一场突如其来的台风给日本名古屋造成严重灾难。有100万人在灾难中无家可归,并有100多人丧生。

1954年

- 日本北海道遭遇台风袭击,1 600人丧生。
- 10月12日,海地小安的列斯群岛遭遇飓风哈兹尔,估计有1 000人丧生。10月15日,飓风到达美国南卡罗来纳州梅特尔海滩,摧毁岸边城镇,掀起17英尺(5米)高的大浪。19人在灾难中丧生。飓风接着刮向北卡罗来纳州、弗吉尼亚州、宾夕法尼亚州和纽约州,又有76人丧生。大风在拉瓜迪和纽瓦克机场达到每小时100英尺(160公里)的速度。损失达2.5亿美元。飓风遂又进入加拿大,致80人死亡,4 000多人无家可归,损失达1亿美元。10月18日,哈兹尔又刮向大西洋,在斯堪的纳维亚形成更大的雨、更强的风。
- 中国长江泛滥,有大约3万人在灾难中丧生,存活的人面临严重饥荒。
- 8月17日,强烈的暴风雨使伊朗法哈扎德干涸小溪的水量猛涨,形成90英尺(27米)高的水浪。水浪冲向一座有3 000人正在做礼拜的神殿。一位伊斯兰教学者曾发出警告,但仍造成1 000多人丧生。
- 12月8日,一场强烈的龙卷风在人们下午下班时突然袭击了伦

敦。龙卷风宽达100—400码（90—366米），行程9英里（14.5
公里），造成严重损失。

1955年

- 8月18日全天，康涅狄格州连降大雨，降雨量在8英寸（203毫
  米），昆包格河涨水，河水饱和。在8月19日上午，河岸堤坝决
  口，翻着白色浪花的洪水一泻千里，冲向普特曼镇，一路向南流
  去。普特曼的道路、桥梁、铁路、堤岸和1/4的房屋建筑统统被冲
  毁。大水冲过装有20英吨（18公吨）镁的仓库，引发了爆炸。一
  周后，水势减弱。估计损失在1 300万美元。由于措施得当，救援
  及时，没有人员伤亡。
- 美国东部突遇飓风，并伴有大雨，使新英格兰南部，纽约东南部，
  宾夕法尼亚东部和新泽西遭受洪水威胁。损失估计在6.86亿美
  元，180人丧生。
- 澳大利亚新南威尔士的几条河流同时暴发洪水，有大约4万人无
  家可归，50人丧生。

1956年

- 澳大利亚的特大暴雨导致河水泛滥，在哈伊和巴尔拉纳尔德两镇
  间形成了宽达40英里（64公里）的"海"。
- 飓风奥德利袭击路易斯安纳和德克萨斯州交界处的墨西哥湾沿
  岸，风速达到每小时100英里（160公里），掀起12英尺（3.7米）
  的海浪。有大约400人丧生。

1957年

- 8月，飓风戴安娜伴着大雨袭击了美国。几天之后，飓风科尼带来的降水淹没了地面。190多人丧生，损失达1 600万美元。

1959年

- 9月，日本本州突然遭遇台风维拉袭击，4万多所房屋被毁，4 500人丧生，150万人无家可归。
- 一场飓风夺走了墨西哥西部海岸2 000人的生命。
- 一场龙卷风突袭孟加拉湾，恒河三角洲各岛和大陆上的10万居民无家可归。

1961年

- 9月，台风穆罗托2号在日本大阪登陆，掀起13英尺（4米）高的大浪，引发洪水，32人丧生。
- 9月，美国德克萨斯州加尔维斯顿遭遇该地区有史以来最大一次飓风，飓风造成重大损失，引发洪水，50人丧生。

1962年

- 12月，英国伦敦发生烟雾，700人丧生。

1963年

- 夏季，由于连降大雨，意大利托科山发生山体滑坡。1月9日晚10:41，约93.14亿立方码（71.215亿立方米）的岩石掉进水渠。

高出渠坝330英尺（100米）高的大浪冲向山谷。当河水到达隆加罗尼镇时，浪高达230英尺（70米）。大水吞噬了几乎镇上所有居民，又冲向其他几个村镇。总共2 600人在洪水中丧生。

1964年

● 3月27日，阿拉斯加州发生地震，地震引起美国太平洋海岸发生海啸。

1966年

● 11月3日夜晚，意大利因连降大雨，阿尔诺河泛滥，河水淹了佛罗伦萨。在某些地区，水深达20英尺（6米）。这次洪水在历史建筑和艺术珍品方面造成重大损失，35人在洪水中丧生，5 000人无家可归。

1968年

● 芝加哥在平静数日后突降24英寸（610毫米）深的大雪，并伴有速度达每小时50英里（80公里）的大风。

1969年

● 8月17、18日，飓风卡米尔突袭美国密西西比和路易斯安纳州。沿海有250人丧生，损失达14.2亿美元。后卡米尔逐渐减弱，向南行进，又折向东，刮过弗吉尼亚蓝岭山山脉。风在此处集聚的湿润的大西洋空气又向罗克费施和泰河的狭窄山谷刮去。在那里遇到前进中的冷锋和雷暴。从晚上9:30开始下的雨水深达18英寸（457毫米），淹没的弗吉尼亚尼尔森县的471平方英里

（1.219 9万平方公里）的土地。洪水冲毁了185英里（298公里）的公路，某些地方的冲积物达30英尺（9米）高，125人被洪水吞噬或被巨石砸死。洪水肆虐80天后退去。

- 10月24日，突尼斯洪水泛滥，300人丧生，15万人无家可归。

1970年

- 11月，一场旋风从孟加拉向北刮过孟加拉湾，50万人死于这场20世纪最严重的一次自然灾害。

1972年

- 6月，飓风阿里斯突袭美国佛罗里达和新英格兰州，损失达2 100万美元。
- 6月10日，美国南达科他州布莱科山区普降暴雨，引起全州范围洪涝灾害。成千上万人死于这场灾害。
- 6—10月，埃塞俄比亚高地地区未下季雨，重灾区粮食颗粒无收，导致80%的牲畜和许多骆驼死亡。1973年9月的报告说，估计此次灾难造成10万—15万人死亡。

1973年

- 1月10日，一场时速为每小时100英里（160公里）、持续3分钟的龙卷风突袭阿根廷的圣朱斯托，摧毁房屋无数，死亡60人，伤300多人。
- 1月17日，一场飓风袭击西班牙和葡萄牙海岸，至少有17人丧生。
- 2月8—11日，一场罕见的伴有雪、雨夹雪和冻雨的风暴突袭美国东南部地区。2月10日,佐治亚梅肯遭遇大雪,降雪达16.5英寸(419毫米)。至雪停时,厚度已达23英寸(584毫米),而佐治亚和南北卡罗来纳州的降雪也达到平均7.1英寸(180毫米)。通讯中断,交通阻塞,庄稼也都冻死。

- 3月26日,巴西卡拉廷加河洪水泛滥,成千上万人无家可归,至少有20人丧生。估计损失达1600万美元。

- 3月末、4月初,突尼斯连遇洪水袭击,村庄、工地被淹没,大约6000所房屋倒塌,1万头牲畜死亡,大约90人丧生。

- 4月9日,一场持续24小时的暴风在密歇根湖上掀起巨浪,洪水淹没湖边28英里(45公里)土地,造成60万美元的损失,死亡26人。

- 4月12日,台风伴着大雨袭击了孟加拉国的法利德波区,灾难中死亡200人,受伤1500人,1万人无家可归。

- 4月29日,密苏里州圣路易斯附近的密西西比河及其支流洪水泛滥,淹没1000平方英里(2.59万平方公里)土地,至少有16人死亡。

- 5月16—28日,连日的龙卷风和暴雨威胁到美国东南和中南11个州。阿拉巴马和阿肯色州为重灾区,死亡48人。

- 7月14—15日,意大利里韦拉连续大雨引发洪水和山崩,14人丧生。

- 7月18日,强降雨引发墨西哥查帕拉湖沿岸各城镇遭受洪水威胁,至少有30人死亡。

- 由于连续7年的干旱,塞内加尔、毛里塔尼亚、马里、上沃尔特、尼日尔和乍得等国遭遇20世纪最严重的饥荒。由于世界各地的食品和物资支援,灾难程度有所减轻。死亡人数没有统计数字。

- 8月,喜马拉雅山一带的强季风雨引起巴基斯坦、孟加拉国等国河水泛滥,许多城镇全部被淹,成千上万亩农田被淹,道路、铁路、桥梁被毁,损失达上亿美元。成千上万人丧生,几百万人无家可归。
- 8月,连续的雨水使墨西哥艾瑞帕多发生洪涝灾害,200人死亡,15万人无家可归,估计损失在1亿美元以上。
- 10月,连续强降雨给美国内布拉斯加到德克萨斯各州带来洪水,至少有35人在洪水中丧生。
- 10月19—21日,强降雨给西班牙的某些地区造成洪涝灾害。至少500人在洪水中丧生,损失估计在4亿美元。
- 11月10、11日,台风伴着大雨袭击了越南,摧毁了桥梁、建筑物和农作物。至少有60人死亡,15万人无家可归。
- 11月18—24日,一场台风伴着强季风雨给菲律宾卡加岩山谷一带造成洪水灾害,54人丧生。
- 12月9日,孟加拉国沿海一带遭遇旋风袭击,至少200艘渔船沉没,14人失踪,估计大部分被淹死。
- 12月13日,强降雨使突尼斯加弗塞地区遭遇洪水袭击,45名儿童死于洪水。
- 12月17日,暴雪和低温造成美国缅因到佐治亚州一带至少20人死亡。

1974年

- 1月,澳大利亚东部发生洪水,17人死亡,大约1 000人无家可归。
- 1月,印度尼西亚爪哇东部的降雨和大浪引发水灾,19人丧生,2 000人无家可归。

- 1月末,澳大利亚东部由于连降暴雨,再次造成水灾,昆士兰州至少有15人死亡,损失估计在1亿美元。

- 2月,阿根廷西北部的强降雨给圣地亚哥德尔埃斯特罗省和其他10个省带来洪灾,至少有100人死亡,10万人无家可归。

- 2月10日夜晚的强降雨使南非纳塔尔洪水泛滥,50多人丧生。

- 3月末,巴西图巴拉奥在连续几个月的干旱之后遭遇大雨,引起水灾。图巴拉奥在几个小时之内水位上升36英尺(11米),冲毁了城市。估计有1 000—1 500人在灾难中丧生,6万人流离失所。

- 4月上旬,阿尔及利亚格兰德卡比利亚由于大雨,引发洪水,至少有50人死亡,30人受伤。

- 4月3日,美国密歇根、阿拉巴马、佐治亚州遭遇接连不断的雷暴雨和148个龙卷风的袭击。在16小时10分钟之内,总共行程达2 598英里(4 180公里),最后进入加拿大。323人死亡,6 000人受伤,损失达6亿美元。阿拉巴马小城奎恩几乎被全部摧毁;俄亥俄州克尼亚境内的3 000座建筑被毁,34人在灾难中丧生。

- 5月初,巴西东北地区连降大雨。大雨造成水灾,有大约200人死亡。

- 6月8日夜晚,连续的龙卷风穿过美国俄克拉荷马、堪萨斯、阿肯色州。总共有2 000人死亡。

- 6月17日,墨西哥阿卡普尔科市郊遭遇雷雨飓风。至少有13人死亡,35人受伤,16人失踪。

- 7月6、7日,一场台风伴着大雨袭击日本南部,有33人死亡,大约50人受伤,15人失踪。

- 8月,孟加拉国和印度东北部发生洪水,至少有900人死亡,孟加拉国的另外1 500人死于水灾之后发生的霍乱。孟加拉国的农作物遭灭顶之灾。

- 8月,雨季期的连续降雨给菲律宾吕宋造成严重水灾,至少有9 000人丧生,100多万人口寻求避难。

- 8月15日,印度西孟加拉遭遇旋风,至少20人死亡,100人受伤。

- 8月20日,雨季期的连续降雨使博尔马的伊拉瓦迪河水泛滥,洪水淹没大约2 000个村庄,冲毁了道路和铁路。至少有12人死亡,50万人流离失所,无家可归。

- 9月20日,飓风菲弗伴着大雨,以每小时130英里(209公里)的速度袭击了洪都拉斯。估计有5 000人丧生,成千上万人无家可归。

- 11月9日,土耳其西洛比的一条小河发生水灾,使住在附近的游牧民族部落被困,33人死亡。

- 11月29日,孟拉格湾东南地区在前一天发生旋风之后,又出现12英尺(3.7米)高的狂风巨浪。大浪吞噬了20人的生命。

- 12月25日,旋风特拉西波及了澳大利亚达尔文市90%地区,死亡50多人。

1975年

- 始于1974年,持续到1975年6月的干旱影响了东非埃塞俄比亚、索马里等国大约80万人,估计死亡人数为4万人。

- 1月,泰国南部由强降雨引发的水灾使131人丧生。

- 1月上旬,一场暴风雪以每小时50英里(80公里)的速度横扫美国中部,气温骤降至0℉(-18℃),死亡50人。

- 1月10日,一场龙卷风突袭美国密西西比的一家商场,12人死亡,大约200人受伤。

- 1月，一场热带风暴袭击了菲律宾棉兰老岛海岸地区。
- 2月20、21日，尼罗河泛滥，洪水淹没埃及1 000亩土地，冲毁21个村庄，至少有15人丧生。
- 7月，连日的季雨引起印度西北部洪涝灾害，有大约400平方英里（1.036万平方公里）土地被淹，1.4万座房屋被毁，300人丧生。
- 8月，台风菲利斯袭击日本四国岛，68人丧生。一周以后，台风利塔造成26人死亡，52人受伤，3人失踪。
- 8月，洪水淹没阿拉伯也门共和国的萨那，80人丧生。
- 9月，连日的季雨造成印度北方邦洪水泛滥，水深达10英尺（3米）。至少有30人被洪水吞噬。
- 9月16日，飓风艾罗斯以每小时140英里（225公里）的速度袭击了波多黎各，受灾严重，造成34人死亡。飓风继而刮向海地、多米尼加共和国、美国佛罗里达州，共造成37人死亡。最后到达美国东北部，造成严重损失，美国发布了紧急预警信号。
- 10月24日，飓风奥瓦袭击墨西哥巴扎特兰，造成29人死亡。

1976年

- 1月2、3日，一场飓风以每小时100英里（160公里）的速度袭击了欧洲北部，英国死亡26人，德国死亡12人，荷兰、比利时、丹麦、瑞典、奥地利、法国和瑞士等国死亡17人。
- 4月10日，一场龙卷风袭击了孟加拉国法利波区的至少12个村庄，19人死亡，200多人受伤。
- 5月，台风奥尔加伴着大雨引发菲律宾吕宋岛暴发洪水。至少60

万人无家可归,215人丧生,估计损失达1.5亿美元。

- 7月,墨西哥在连降暴雨之后,洪水泛滥,估计有120人丧生,成千上万人无家可归。
- 7月,意大利塞维索的一家生产除草剂的工厂发生事故,大量含有二氧杂芑的气体散发到空气中,700名居民全部遇难,600多头牲畜死亡,5英里(8公里)范围内的表土层被火烧焦。
- 8月10日,巴基斯坦北部的拉维河泛滥,引发洪水,影响到大约5 000多个村庄,150多人死亡。
- 8月17日,菲律宾发生海啸,6 000多人丧生。
- 8月25日,一场热带暴风雨袭击香港,至少11人死亡,62人受伤,3 000人无家可归。
- 9月5日,洪水淹没巴基斯坦俾路支省5 000平方英里(12.95万平方公里)土地,许多村庄被洪水吞噬。
- 9月8—13日,台风弗兰以每小时100英里(160公里)的速度,伴着60英寸(1 524毫米)的降雨进入日本南部,有104人丧生,57人失踪,大约32.5万人无家可归。
- 10月1日,飓风利莎以每小时130英里(209公里)的速度,伴着5.5英寸(140毫米)的大雨,袭击了墨西哥拉巴斯,摧毁了30英尺(9米)高的大坝。5英尺(1.5米)高的水浪冲过棚户区,造成至少630人死亡,成千上万人无家可归。
- 11月6日,西西里特拉帕尼地区暴雨引起洪水泛滥,造成10人在洪水中丧生。
- 11月,印度尼西亚爪哇地区暴雨引发大面积洪水泛滥,造成至少136人丧生。

- 12月20日，印度尼西亚苏门答腊地区暴雨引发大面积洪水泛滥，造成至少25人死亡。

1977年

- 1月，大雨造成巴西西南部地区河水泛滥。洪水造成60人丧生，3 500人无家可归。
- 1月28日，美国纽约、新泽西和俄亥俄州发生暴风和低温天气，有些州发布了天气预警信号。
- 2月，旋风伴着暴雨袭击马达加斯加，毁坏230平方英里（5 960平方公里）的稻田和3万多所建筑，并造成31人死亡。
- 2月，连续飓风袭击美国东南部各州，造成至少100人死亡。
- 3月，美国中部的一场暴雪造成南达科他州的100英里（160公里）长的一段高速公路阻塞，死亡人数达15人。
- 4月1日，一场龙卷风袭击孟加拉国的马达里波和基绍加因，造成至少600人死亡，1 500人受伤。
- 4月4日，发生在美国的龙卷风和水灾影响到西弗吉尼亚、弗吉尼亚、阿拉巴马、密西西比、佐治亚、田纳西和肯塔基等州，造成40人丧生，估计损失达2.75亿美元。
- 4月24日，一场时速为每小时100英里（160公里）的3级旋风袭击了孟加拉国北部，造成13人死亡，100人受伤。
- 5月20日，乍得东南部蒙托发生龙卷风，13人死亡，100人受伤。
- 5月23日，暴雨造成的洪水袭击伊朗，造成至少10人死亡。
- 6月4日，台风袭击阿曼，马西拉岛上98%的建筑被毁，2人死亡，至少40人受伤。3天之后，佐法尔省由于暴雨发生水灾，造成至少100人丧生,1.5万多头牲畜被冲走。

- 7月,暴雨引发的洪水袭击法国西南,造成26人死亡,庄稼、家畜和财产损失严重。
- 7月,韩国汉城由于暴雨造成水灾和山体滑坡,造成至少200人丧生,480人受伤,8万人无家可归。
- 7月20日,美国宾夕法尼亚州的约翰镇发生水灾,造成700人死亡,50人失踪,估计损失2亿美元。
- 7月25日,4级台风色尔玛以每小时120英里(193公里)的速度袭击了台湾高雄,31人丧生,2万所房屋倒塌。
- 7月31日,一场台风袭击中国台湾台北等地,造成至少38人死亡。
- 9月13日,由于12英寸(305毫米)的降雨,造成美国密苏里州堪萨斯市发生水灾,造成至少26人死亡,损失在1亿美元以上。
- 9月,台湾台北连续降雨16小时,引发水灾,造成至少14人死亡。
- 10月,意大利西北部发生大面积水灾,15人丧生,损失达3.5亿美元。
- 11月2—3日,由于连续15小时的降雨,降雨量达2.7英寸(69毫米),希腊基斐索斯河和伊利索斯河水位上涨6.5英尺(2米),造成雅典和比雷埃夫斯水灾,有26人死亡。
- 11月6日,连续降雨冲倒了佐治亚托科的大坝,水浪高达30英尺(9米),至少有39人死亡,45人受伤。
- 11月8日,印度帕尔加特和喀拉拉邦发生洪水和山体滑坡,至少有24人死亡,3人受伤。
- 11月10日,连续5天的暴雨造成意大利北部地区洪涝灾害和山体滑坡,热那亚和威尼斯被淹,至少有15人死亡,数千人无家可归。

- 11月12日，一场龙卷风袭击印度泰米尔纳德邦，有400多人丧生。

- 11月14日，一场台风袭击菲律宾北部，至少有30人死亡，5万人无家可归。

- 11月19日，旋风伴着巨浪袭击了印度安得拉邦，冲毁21座村庄，还给另外44座村庄造成严重破坏，估计有2万人死亡，200多万人无家可归。

1978年

- 1月12日，暴风雨、巨浪伴着每小时75英里（121公里）的飓风给英国东部沿海造成严重财产损失，有3艘船只被毁下沉，船上17名水手丧生。

- 1月13日，哥伦比亚南部发生水灾，有20人丧生。

- 1月13—17日，巴西东南部的里约热内卢、圣保罗、帕拉伊巴发生水灾，26人死亡，数千人无家可归。

- 1月25、26日，一场暴风雪以每小时100英里（160公里）的风速、31英寸（787毫米）的降雪、−50℉（−45℃）的低温袭击了美国的俄亥俄、密歇根、威斯康星、印第安纳、伊利诺伊和肯塔基州。100多人死亡，损失至少几百万美元。

- 1月26—30日，印度尼西亚爪哇东部地区发生严重洪涝灾害，造成41人丧生。

- 1月28—30日，南非德兰士瓦省发生水灾，造成26人死亡。

- 2月5—7日，一场暴风雪以每小时110英里（177公里）的速度，伴着18英尺（5.5米）的大浪和50英寸（1 270毫米）的降雪袭击了罗得艾兰州和马萨诸塞州东部，造成至少60人丧生。

- 2月10日，暴雨引发的洪水，掀起20英尺（6米）高的水浪，袭击了美国加利福尼亚南部，冲毁了一处旅游胜地，致使洛杉矶和长岛港口关闭，动物园里的动物由于笼子被冲坏而逃走，25人失踪。
- 3月5日，美国加利福尼亚南部、墨西哥北部发生暴风雨引发泥石流，总共有25人死亡，2万人无家可归。
- 3月17日，一场持续仅2分钟的龙卷风给印度德里北部造成严重损失，32人死亡，700人受伤。
- 3月27日，莫桑比克赞比西河河水泛滥，至少有45人死亡，20万人无家可归。
- 4月16日，一场龙卷风袭击印度奥里萨邦，有大约500人死亡，1 000多人受伤。
- 4月，印度孟加拉西部遭遇龙卷风，有100人死亡。
- 5月15日，斯里兰卡发生洪水，10人死亡，数千人无家可归。
- 6月中旬，连续一周的暴雨给韩国造成水灾，17人死亡，10人失踪，2 000人无家可归，损失达40万美元。
- 连日的季雨造成印度夏季洪水泛滥，大约900人死亡，成千上万人无家可归，秋季稻几乎全部被毁，损失估计达1亿美元。
- 7月10日，阿富汗和巴基斯坦边境一线发生水灾，至少有120人死亡。
- 7月26日，季雨造成的水灾袭击印度6个省，有190人死亡。
- 8月1日，美国德克萨斯州中部每小时1英寸（25毫米）的降雨造成水灾，25人丧生。
- 8月，巴基斯坦哈伯河河水泛滥，洪水淹死至少100人。
- 8月，菲律宾发生洪水和泥石流，45人死亡，数千人无家可归。

- 10月26日,台风利塔袭击菲律宾,200人丧生,60人失踪,1万处房屋倒塌。
- 11月,季雨给印度南部喀拉拉邦和泰米尔纳德邦造成洪水,至少有144人丧生。
- 11月23日,一场旋风袭击斯里兰卡和印度南部,至少有1 500人丧生,旋风摧毁了50万座建筑物,淹没45座村庄。

1979年

- 2月19日,一场暴风雪袭击纽约和新泽西,造成13人死亡。
- 3月,强降雨造成印度尼西亚弗洛里岛洪水泛滥和山体滑坡,97人死亡,150人受伤,8 000人流离失所。
- 3月27日,旋风梅利袭击斐济,至少100人丧生,1 000座房屋被毁。
- 4月10日,一场龙卷风以每小时225英里(362公里)的速度刮过德克萨斯和俄克拉荷马州边界的红河谷,在经过德克萨斯威奇托瀑布时,造成59人死亡,800人受伤。
- 4月16、17日,一场台风袭击菲律宾,造成至少12人死亡,损失达350万美元。
- 5月12日,一场旋风袭击印度安得拉邦和泰米尔纳德邦,至少有350人死亡。
- 6月13日,大雨引发的洪水造成印度尼西亚巴厘巴板、婆罗洲13人死亡。
- 6月,强降雨引发的14英尺(4.25米)深的洪水,冲向牙买加蒙特哥贝,造成32人死亡,25人失踪。
- 7月2日,西班牙瓦尔德佩纳斯发生洪水,至少有22人死亡。

- 7月18日，由于火山爆发造成印度尼西亚龙布陵岛海啸，海啸浪高6英尺（1.8米），造成539人丧生。

- 8月11日，大雨使印度莫维的马奇户河河水猛涨，掀起20英尺（6米高）的水浪，造成5 000人死亡。

- 8月，美国中西部和新英格兰形成的龙卷风一路向东刮去，穿过大西洋到达爱尔兰海。当时，英格兰和爱尔兰正在举行竞舟比赛，参加比赛的306艘船，只有85艘幸存，2/3的船只沉入海底，18人丧生。

- 8月25、26日，台风朱迪伴着强降雨在韩国南部地区引发洪水，造成60人死亡，2万人流离失所。

- 8月末、9月初，飓风戴维德以每小时150英里（241公里）的速度袭击多米尼加共和国、多米尼加、波多黎各、海地、古巴等加勒比海沿岸国和美国东部佛罗里达、佐治亚和纽约等州。总共有1 000多人丧生，损失达数千万美元。

- 9月上旬，飓风弗雷德里克袭击了美国佛罗里达、阿拉巴马、密西西比等州沿海100海里的区域。大约有10人死亡。由于当地迅速组织疏散了50万人口，大大降低了死亡人数。

- 10月13日，布拉巴普特拉河决口，给印度阿萨姆邦造成洪水，至少有13人丧生。

- 10月16日，由海底山体滑坡引发的两次海浪达10英尺（3米）高的海啸袭击法国地中海60英里（96公里）长的海岸。11人被海浪卷走。

- 10月17日，南非格罗布莱斯达尔附近发生由暴雨引发的洪水。艾兰兹河决口，大坝被冲毁，至少有10人被洪水冲走。

- 10月19日，以每小时190英里（306公里）的速度袭击日本的台风提普给日本许多地区造成损失，至少有36人在这次灾难中丧生。

- 11月21日，一场暴风雪以每小时70英里（113公里）的速度，伴着大雪袭击了美国的科罗拉多、内布拉斯加、怀俄明，至少造成10人死亡。

- 11月25日，普雷奥尼罗河决口，河水裹挟洪水和泥沙冲向哥伦比亚城镇，有62人死亡。

1980年

- 1月，旋风海西塞袭击了印度洋中的留尼汪岛，造成至少20人死亡。

- 2月，由强降雨造成的水灾和泥石流影响到美国加利福尼亚、亚利桑那州和墨西哥，造成36人死亡，损失达1亿美元。

- 3月2日，一场暴风雪袭击了美国的北卡罗来纳、南卡罗来纳、俄亥俄、密苏里、田纳西、宾夕法尼亚、肯塔基、弗吉尼亚、马里兰和佛罗里达等州，造成至少36人死亡。

- 3月27、28日，由于大雨引发土耳其某些地区水灾和山体滑坡，造成至少75人丧生。

- 4月，秘鲁中部因大雨造成水灾和泥石流，造成至少90人失踪。

- 4月，旋风沃利袭击斐济，引发水灾和山体滑坡，至少13人死亡，数千人无家可归。

- 5月13日，龙卷风经过密歇根的卡拉马祖，5人丧生，65人受伤。

- 6月，洪水没过印度古吉拉特邦的37座堤坝，造成11人死亡。

- 7月23日,台风乔袭击越南北部,130多人死亡,300万人无家可归。

- 7月、8月,印度季雨造成水灾,淹没7 500平方英里(19.425万平方公里)土地,至少600人死亡,损失达1.31亿美元。

- 8月,飓风阿伦以每小时175英里(282公里)的风速袭击巴巴多斯、圣路西亚、海地、多米尼加共和国、牙买加、古巴和美国东南部。期间最高风速达到每小时195英里(314公里),270多人死亡,大多为海地居民。

- 8月,中国长江河水泛滥,淹没洞庭湖,两座城市遭到洪水袭击,数千人死亡。

- 8月、9月,印度西孟加拉由于季雨造成水灾和山体滑坡,有大约1 500人死亡。

- 9月1—3日,墨西哥阿伦达斯由于大雨引起决堤,洪水造成至少100人死亡或失踪。

- 9月11日,台风奥施德袭击韩国,造成7人死亡,100多名渔民在海上失踪。

- 9月15、16日,台风鲁斯袭击越南,造成至少164人丧生。

- 9月,强降雨使印度奥里萨斯邦洪水泛滥,洪水冲毁了堤坝,淹没了两座城镇,水深达10英尺(3米)。大约200人被淹,至少30万人无家可归。

- 9月,委内瑞拉加拉加斯的瓜伊尔河河水泛滥,引发洪水,淹没了城市,至少有20人在洪水中丧生。

- 9月,孟加拉国西北部发生洪水,655人死亡。

- 9月,一场旋风袭击印度马哈拉施特拉邦,至少有12人死亡,25人受伤。

- 10月，泰国由于季雨引发水灾，有28人在洪水中丧生。

1981年

- 1月24、25日，南非巴弗尔斯河水泛滥，掀起6英尺（1.8米）高的水浪，流向莱格斯堡城，至少有200人死亡。
- 3月和4月上旬，巴西东北部连续10天的雨水结束了干旱，但又造成了水灾。30人被洪水淹没，5万人无家可归。
- 4月，哥伦比亚持续一周的洪水淹死65人，并有1 400人无家可归。
- 4月12日，龙卷风袭击孟加拉国诺阿卡利，70人死亡，1 500人受伤，1 500所房屋被毁。
- 4月17日，龙卷风袭击印度奥里萨邦，120多人死亡，数千人受伤，2 000多所房屋被毁。
- 4月，委内瑞拉连日降雨，引发洪水，至少有27人死亡。
- 5月3日，伊朗霍拉桑省发生洪水，死亡3人，受伤100人。
- 5月，印度尼西亚爪哇发生洪水和泥石流，死亡127人，失踪170人，受伤38人。
- 5月25日，美国德克萨斯州奥斯汀的绍尔河河水泛滥，河水淹没城市，造成10人死亡，8人失踪。
- 7月1日，台风科利袭击菲律宾中部，引发洪水和山体滑坡，有大约140人死亡。
- 7月12—14日，连日的季雨引发中国长江支流发生洪水。有大约1 300人死亡或失踪，2.8万人受伤，150万人无家可归。损失估计为11亿美元。

- 7月13日,洪水淹没尼泊尔北部,至少有100人丧生。

- 7月19日,台风默利袭击中国台湾北部,引发洪水和山体滑坡,26人死亡。

- 7月19日,洪水淹没印度阿萨姆邦、北方邦和拉贾斯坦邦,有大约500人死亡,10万人无家可归。

- 8月17日,哥伦比亚萨拉米纳河河水泛滥,淹没了萨拉维纳城,有150人死亡或失踪。

- 8月,中国四川省发生洪水,有15人死亡。

- 8月23日,台风泰德以每小时80英里(129公里)的速度袭击了日本的中部和北部,40人死亡,2万人无家可归。

- 9月1日,台风阿格奈斯袭击韩国,两天内降雨28英寸(711毫米),造成120人死亡或失踪。

- 9月3日,阿尔及利亚埃尔尤尔玛发生洪水,至少12人死亡。

- 9月12日,时速为80英里(129公里)的飓风袭击英国,至少有12人死亡。

- 9月21日,台风克拉拉袭击中国福建省,毁坏130平方英里(3 367平方公里)的稻田。

- 9月29日,尼泊尔发生洪水,有大约500人或死亡或失踪。

- 10月,中国四川省发生洪水和泥石流,240人死亡。

- 10月7日,墨西哥北部暴风雨引发洪水,65人死亡。

- 11月19、20日,一场暴雪袭击了美国密歇根和明尼苏达州,至少有17人死亡。

- 11月24日,台风俄玛以每小时140英里(225公里)的速度袭击了菲律宾,给沿海城市造成巨大损失,270多人死亡,25万人无家可归。估计损失为1千万美元。

- 12月,连日季雨引发泰国洪水,至少有37人死亡。
- 12月3日,巴西发生洪水和泥石流,40多人丧生。
- 12月11日,一场台风袭击孟加拉国和印度,至少12人死亡。

1982年

- 1—3月间,有5场旋风袭击马达加斯加,100多人死亡,11.7万人无家可归。
- 1月4日,洪水造成哥伦比亚纳里诺90人死亡。
- 1月5日,巴西里约热内卢发生洪水和山体滑坡,有15人死亡。
- 1月9—12日,发生在欧洲西北部的暴风雪造成至少23人死亡。深达12英尺(3.7米)的大雪完全阻断了威尔士与英格兰间的交通。
- 1月23、24日,秘鲁西部的春塔雅科河决口,冲出60英里(96公里),淹没17座村庄。至少600人丧生,2 000人失踪。
- 3月,玻利维亚圣克鲁斯发生洪水,严重毁坏了庄稼。大约50个家庭失踪,估计是被洪水淹没。
- 3月,台风玛米和尼尔森袭击菲律宾,至少造成90人死亡,1.7万人无家可归。
- 4月,强降雨给秘鲁库斯科省造成水灾和山体滑坡,造成大约200人死亡。
- 4月2、3日,龙卷风袭击了美国俄亥俄、德克萨斯、阿肯色、密西西比和密苏里州,共有31人死亡。

- 4月6日,一场暴风雪袭击美国北部,33人丧生。
- 5月4日,一场旋风以每小时124英里(199公里)的速度袭击缅甸,11人死亡,7 200个家庭房屋倒塌。
- 5月11、12日龙卷风袭击了美国堪萨斯、俄克拉荷马和德克萨斯州,7人死亡。俄克拉荷马阿尔图斯空军机场的损失估计达2亿美元。
- 5月,中国广东省发生严重水灾,至少430人死亡,4.6万座房屋被毁。
- 5月,严重的水灾造成尼加拉瓜75人死亡,洪都拉斯125人死亡,经济损失达2亿美元。
- 5月29日,中国香港水灾造成至少20人死亡。
- 5月29日,龙卷风袭击伊利诺伊马瑞恩,至少10人死亡。
- 6月3日,季雨给印度尼西亚苏门答腊造成水灾,至少有225人死亡,3 000人无家可归。
- 6月4日,一场达每小时137英里(220公里)的大风袭击印度奥里萨,200人死亡,大约20万人无家可归。
- 6月5日,美国康涅狄格州发生水灾,造成至少12人死亡。
- 6月26日,速度达每小时90英里(145公里)的大风袭击巴西圣保罗和巴拉那,43人死亡,500人受伤。
- 6月,中国福建省发生洪水,75人死亡。
- 7月,季雨给日本南部造成水灾和山体滑坡,245人死亡,117人失踪。
- 8月12、13日,台风袭击韩国海岸,造成水灾和山体滑坡,13人死亡,26人失踪,100人受伤,6 000人流离失所,无家可归。

- 8月，台风塞西尔袭击韩国，至少造成35人死亡，28失踪，经济损失达3千万。

- 9月，季雨造成印度奥里萨地区水灾，至少1 000人死亡，500万人住在高地和房顶上等待空中救援。800万人口被转移，2 000头牲畜死亡。

- 9月11、12日，台风朱迪以每小时110英里（177公里）的速度袭击日本，26人死亡，94人受伤，8人失踪，损失惨重。

- 9月17—21日，萨尔瓦多遭遇洪水和泥石流，造成至少700人死亡，1.8万人受伤，5.5万人无家可归。在危地马拉，暴风雨引发水灾，造成615人丧生。

- 9月30日，飓风保罗以每小时120英里（193公里）的速度袭击墨西哥锡那罗亚，5万人无家可归。

- 10月，一场飓风袭击越南义静省，数百人死亡，20万人无家可归。

- 10月，印度尼西亚持续4个月的干旱引发霍乱和登革热，造成至少50人死亡。

- 10月14、15日，一场台风以每小时120英里（193公里）的速度袭击了菲律宾伊萨贝莉亚、卡灵阿-阿帕雅和卡格延省，68人死亡，成千上万人无家可归。

- 11月8日，一场飓风以每小时125英里（201公里）的速度袭击印度古吉拉特邦，至少275人死亡，3万所房屋倒塌。

- 12月，美国阿肯色、伊利诺伊和密苏里州发生水灾，20人死亡，4人失踪，经济损失达5亿美元。

- 12月，暴风雪、龙卷风袭击美国西部，34人死亡。

1983年

- 1月，厄瓜多尔发生水灾，30人丧生，损失达9 000万美元。

- 1月3日，巴西阿鲁凯达斯河河水泛滥，淹没贝洛奥里藏特市，死亡人数达46人。

- 2月11、12日，美国东北各市遇到一场深达2英尺（610毫米）的暴雪，至少有11人死亡。

- 2月16日，澳大利亚发生丛林大火，总共有180处起火点，面积达1 384平方英里（3 585平方公里）。2 000多所房屋被烧毁，75人死亡，数百人受伤。

- 2月18—22日，黎巴嫩阿雷附近发生暴风雪，47人死亡，许多人在车中被冻伤。

- 3月，玻利维亚圣克鲁斯的比雷河发水，96人死亡或失踪。

- 3月，中国广东省发生水灾，至少有27人死亡。

- 3月20、21日，秘鲁和玻利维亚发生水灾和泥石流，至少有260人死亡，数百人失踪。

- 4月，印度西孟加拉遭遇旋风，76人死亡，1 500人受伤，6 000人无家可归。

- 4月11日，一场龙卷风袭击中国福建省，54人死亡。

- 4月12日，印度加尔各答附近的21个沿海村庄遭遇旋风，造成至少50人死亡，1 500人受伤，6 000人无家可归。

- 4月14日，秘鲁皮乌拉和通贝斯发生洪水和山体滑坡，37人死亡。

- 4月26日，孟加拉国库尔纳遭遇龙卷风，12人死亡，200人受伤。

- 4月30日，秘鲁谢潘发生洪水，冲毁了一座公路桥梁，致使车辆掉入查曼河,至少50人被淹死。

- 5月,法国北部和德国南部河流涨水,引发洪水,共有25人丧生。
- 5月,阿根廷、巴西和乌拉圭的乌拉圭盆地和马拉那河暴发洪水,23人死亡,损失达3.38亿美元。
- 5月,龙卷风袭击越南中部地区,76人死亡。
- 5月18—20日,至少59场龙卷风,伴着暴风和由此引发的洪水袭击了美国德克萨斯、田纳西、密苏里、佐治亚、路易斯安纳、密西西比和肯塔基州,至少造成德克萨斯州休斯敦地区24人死亡,350所房屋被毁。
- 5月26日,日本某地发生里氏7.7级地震。地震引发海啸,造成至少8人死亡。
- 6月,厄瓜多尔发生大面积水灾和山体滑坡,至少有300人死亡。
- 6月5日,中国台湾发生水灾和山体滑坡,有24人死亡。
- 6月,印度古吉拉特发生洪水,有935人死亡或失踪。
- 6月末、7月初,中国长江泛滥,引发大面积水灾,数千人死亡。
- 7月23日,日本某地发生洪水和山体滑坡,82人死亡。
- 7月,印度尼西亚邦盖发生水灾,11人死亡,2 000人无家可归。
- 8月,孟加拉国发生洪水,41人死亡。
- 8月18日,飓风阿利西亚以每小时115英里(185公里)的速度袭击美国德克萨斯南部地区,加尔维斯顿为灾区。飓风造成至少17人死亡,损失估计在1 600万美元。
- 8月26日,法国和西班牙接壤处的巴斯克地区发生水灾,33人死亡,13人失踪。
- 9月,印度连日的季雨造成600多人死亡。

- 9月，巴布亚新几内亚发生水灾，死亡11人，经济损失达1 190万美元。

- 9月29日，台风弗莱斯特伴着降雨量达19英寸（483毫米）的大雨袭击日本诸岛，造成16人死亡，22人失踪，3万所房屋被毁。

- 9月，孟加拉国发生洪水，61人死亡，其中6人是因躲避洪水爬到树上而被蛇咬死。

- 9月末、10月初，美国亚利桑那州南部发生水灾，许多城镇被大水淹没，有13人死亡。

- 10月14日，印度北方邦发生洪水，42人死亡。

- 10月15日，一场旋风袭击孟加拉国，1 000所房屋被毁，至少有25人丧生。

- 10月，泰国发生大面积水灾，18人死亡，曼谷地区受灾严重。

- 10月20日，飓风堤科袭击墨西哥马萨特兰海岸，105个出海渔民遇难。

- 11月28日，暴风雪袭击美国怀俄明、科罗拉多、南达科他、内布拉斯加、堪萨斯、明尼苏达和艾奥瓦州，至少有56人死亡。

- 12月，马来西亚连降季雨，10人被淹死，1.5万人接受救援。

1984年

- 1月12—16日，欧洲北部遭遇大风和暴风雪，在英国至少有22人死亡。

- 1月30、31日，一场飓风袭击非洲斯威士兰，至少有13人死亡。

- 1月31日—2月2日，旋风多莫伊纳袭击莫桑比克、南非和斯威士兰，旋风引发的洪水淹死至少124人，数千人无家可归。

- 2月4日,美国境内的暴风雪造成至少33人死亡。

- 2月7日,欧洲西部的暴风雪造成13人死亡。

- 2月,发生在印度尼西亚爪哇的季雨造成26人死亡。

- 2月28日,美国密苏里州、纽约发生的暴风雨造成至少29人死亡。

- 3月9日,美国东部发生暴风雪,23人死亡。

- 3月14日,新英格兰发生暴风雪,至少有11人死亡。

- 3月19—23日,龙卷风袭击美国北卡罗来纳和南卡罗来纳州,造成至少70人死亡。

- 4月12日,一场旋风以每小时150英里(241公里)的速度刮过马达加斯加境内的马哈加卡,城镇的80%遭到破坏,至少有15人丧生。

- 4月21日,美国的密西西比州的水谷遭遇龙卷风袭击,有15人死亡。

- 4月26日,一场龙卷风袭击美国俄克拉荷马州,莫里斯地区一半以上房屋倒塌,其他地区有3人死亡。

- 5月6—9日,龙卷风、暴风雨,伴着滔滔洪水袭击了美国阿马拉契亚、肯塔基、路易斯安纳、田纳西、俄亥俄、马里兰和西弗吉尼亚州。造成至少14人丧生,6 000人无家可归。

- 5月13—16日,孟加拉国和印度发生洪水和山体滑坡,造成至少136人死亡。

- 5月27日,连夜大雨引发美国俄克拉荷马塔尔萨地区水灾,至少12人死亡,数千人无家可归。

- 5月末、6月初,巴西南里奥格兰德地区发生水灾,18人死亡,数千人无家可归。

- 6月,印度东北部地区发生洪水,造成至少38人死亡。
- 6月,季雨造成孟加拉国和印度等地暴发洪水,估计有大约200人死亡。
- 6月3日,中国台湾台北发生水灾和山体滑坡,有25人死亡。
- 6月8日,暴风雨伴着49场龙卷风给美国大平原地区和中西部各州造成严重灾害。威斯康星州的巴纳威德遭严重破坏,9人死亡。
- 6月9、10日,龙卷风袭击俄国,破坏严重,造成数百人死亡。
- 7月4—7日,韩国发生水灾,造成至少14人死亡,2 000人无家可归。
- 7月,巴西累西腓发生洪水和山体滑坡,造成至少13人死亡,1 000人无家可归。
- 8月31日—9月3日,韩国汉城发生水灾,81人死亡,36人失踪,造成700万美元的损失。
- 9月2日、3日,台风艾克袭击菲律宾,造成1 300多人丧生,112万人无家可归。
- 9月6日,台风艾克进入中国广西沿海,造成严重损失,13名出海渔民遇难。
- 9月,尼泊尔发生水灾和山体滑坡,造成150多人死亡。
- 10月,越南中部发生水灾,33人死亡,3.8万多人无家可归。
- 10月9日,巴西马哈维哈遭龙卷风袭击,造成至少10人死亡。
- 11月,台风阿格恩斯以每小时185英里(298公里)的速度进入菲律宾中部,造成至少300人死亡,10万人无家可归,损失达4 000万美元。
- 11月,哥伦比亚发生水灾,造成至少40人丧生。
- 11月24日,飓风袭击了英格兰、德国、荷兰、法国和比利时,造成至少14人死亡。

- 12月23日，印度博帕尔地区的联合碳化物农药厂发生异氰酸甲酯泄漏，至少有3 000人死亡，成千上万人受伤。

1985年

- 1月，巴西发生洪水，造成至少71死亡，上千人无家可归。
- 1月5日，阿尔及尔发生洪水，造成至少26人死亡。
- 1月22日，龙卷风艾利克和尼吉尔袭击了斐济维提岛，造成23人死亡。
- 2月21日，印度尼西亚连日的季雨造成龙目地区山体滑坡，造成至少11人死亡，爪哇地区的洪水淹死10人。
- 4月，巴西东北部发生洪水，造成27人死亡。
- 5月，龙卷风伴着10—15英尺（4—4.5米）高的大浪袭击了孟加拉国梅格纳河河口诸岛。官方公布的死亡人数为2 540人，但实际死亡人数可能高达1.1万人。
- 5月30日，洪水淹没了布伊诺斯艾利斯，造成至少14人死亡，9万人流离失所。
- 5月31日，龙卷风袭击美国宾夕法尼亚、俄亥俄州、纽约和加拿大安大略省，造成至少88人死亡，宾夕法尼亚州的一些城镇遭严重破坏。
- 6月6日，中国广西壮族自治区发生洪水，造成64人死亡。
- 6月，季雨引发印度西部地区发生洪水和山体滑坡，造成至少46人死亡，2.5万人无家可归。
- 6月，季雨引发菲律宾北部地区发生洪水，造成至少65人死亡，

100万人无家可归。

- 7月，季雨引发印度旁遮普邦发生洪水，87人死亡。
- 7月30日，台风袭击中国浙江省，造成177人死亡，至少1400人受伤。
- 7月末、8月初，中国和朝鲜的鸭绿江决堤，洪水淹没丹东的两个村庄，造成64人死亡。
- 8月，台风和暴雨使中国500人死亡，1.4万人无家可归。
- 8月30日，台风帕特以每小时124英里（199公里）的速度进入日本九州，造成15人死亡，11人失踪。
- 10月，两次台风袭击泰国，并引发洪水，造成16人死亡。
- 10月16日、17日，台风袭击孟加拉国，造成12人死亡。
- 10月18日、19日，印度发生洪水，造成78人死亡。
- 10月19日，台风多特袭击菲律宾吕宋岛，甲万那端市内90%的房屋被毁，至少63人死亡，损失达530万美元。
- 10月，热带风引发美国路易斯安纳州发生洪水，有7人丧生，8人失踪，损失达1000万美元。
- 连续12小时、降雨量达20英寸（508毫米）的降雨使西弗吉尼亚、弗吉尼亚、马里兰和宾夕法尼亚发生洪水，至少有49人死亡。
- 11月，美国西北部地区遭遇暴风雪，至少有33人死亡。
- 11月19—21日，古巴和美国佛罗里达州遭飓风凯特袭击，至少有24人死亡。
- 12月，美国密歇根、南达科他、艾奥瓦、明尼苏达和威斯康星州遭遇暴风雪，19人死亡。
- 12月，沙特阿拉伯遭遇洪水，32人死亡，31人失踪。

1986年

- 1月，斯里兰卡遭遇洪水和山体滑坡，有43人死亡。

- 1月，季雨给印度尼西亚造成洪水和山体滑坡，有43人死亡。

- 3月，秘鲁的喀喀湖决口，淹没了普诺市，至少有12人死亡，28人失踪。

- 3月17日，龙卷风胡诺里尼亚袭击马达加斯加，托玛斯纳80%房屋被毁，32人死亡，20万人无家可归。

- 3月24日，飓风袭击欧洲，17人死亡，19人失踪。

- 5月16日，印度拉雷斯坦邦遭遇旋风袭击，11人丧生。

- 5月19日，台风那慕袭击所罗门岛，至少有100人死亡，9万人无家可归。

- 6月，智利中部发生水灾，10人死亡，3.5万人无家可归。

- 6月9日，台风佩吉袭击菲律宾北部，继而引发洪水、泥石流，造成严重损失，死亡人数超过70人。两天以后，佩吉进入中国东南部，引起大面积水灾，至少有170人死亡，1 250人受伤，25万人无家可归。

- 8月22日，中国台湾遭遇台风袭击，有22人死亡，9人失踪，110人受伤。

- 8月25日，飓风查理袭击英国诸岛，造成至少11人死亡。

- 8月，季雨造成印度安得拉邦地区洪水泛滥，至少有200人死亡。

- 9月4日，越南遭遇台风袭击，有400人死亡，2 500人受伤。

- 9月19日，台风阿贝袭击台湾，13人死亡，损失达84万美元。

- 10月6日，菲律宾马尼拉发生洪水，14人死亡，60万人流离失所。

1987年

- 1月22日,暴风雪袭击美国缅因州到佛罗里达州一带,造成至少37人死亡。

- 1月,巴西圣保罗遭遇洪水袭击,造成至少75人死亡。

- 2月,秘鲁发生水灾和泥石流,利卡城受到严重破坏,造成至少100人死亡。

- 2月,格鲁吉亚共和国发生水灾,30人死亡,6人失踪。

- 2月7日,旋风乌玛袭击瓦努阿图,造成至少45人死亡。

- 3月9日,秘鲁中部利马由于堤坝决堤发洪,100多人丧生,2.5万人无家可归。

- 5月22日,龙卷风袭击美国德克萨斯州的塞拉格撒,造成29人死亡。

- 7月12—16日,智利中部发生水灾,16人死亡,其中12人是因为圣地亚哥北部一座桥梁倒塌而死。

- 7月14日,法国格兰博纳发生水灾,大水冲走了一群正在度假的人,30人死亡。

- 7月15日,台风塞尔玛袭击韩国,引发洪水、山体滑坡和泥石流,造成至少111人死亡,257人失踪。

- 7月18日,意大利北部发生洪水和山体滑坡,18人死亡,其中14人因为所居住的山边宾馆被毁而遇难。

- 7月21、22日,韩国一省发生洪水和山体滑坡,100人失踪。

- 7月24日,伊朗布汉河决口,引起水灾,造成至少100人死亡。

- 7月27日,韩国汉城发生水灾,造成至少74人死亡。

- 7月28日,台风阿莱克斯袭击中国浙江省,引发严重的山体滑坡。

损失严重,造成至少38人死亡。

- 7月31日,龙卷风袭击中国黑龙江省,给14个城镇造成严重损失,16人死亡,13人失踪,400多人死亡。
- 7月31日,5场龙卷风以每小时60英里(96公里)的速度袭击了加拿大艾伯塔和埃德门兹顿的一个活动中心和附近的一个工业中心,造成25人死亡。
- 8月,孟加拉国发生水灾,造成1 000多人死亡。
- 9月,委内瑞拉马拉凯发生水灾,造成大约500人遇难。
- 9月25—29日,南非纳塔尔省发生水灾,174人死亡,86人失踪,5万多人无家可归,损失达5亿美元。
- 9月27日,大雨引发泥石流,灾难中心位于哥伦比亚麦德林的蒂那镇,至少有175人死亡,325人失踪,估计是埋在了泥浆之下。
- 9月,印度比哈尔北部、孟加拉西部、北方邦和阿萨姆邦遭遇洪水,有1 200多人遇难。
- 10月15日,飓风袭击英格兰,13人死亡,损失达1 000万美元。
- 10月24日,台风莱恩袭击台湾,200所房屋被毁。
- 11月3—6日,旋风袭击印度安得拉邦,造成至少34人死亡。
- 11月26日,台风尼娜伴着巨浪袭击了菲律宾,吕宋岛索索贡省有500人遇难。
- 12月12—16日,暴风雪袭击了美国中西部地区,阿肯色州内有92人死亡。
- 12月25日,印度尼西亚苏拉威西发生水灾和山体滑坡,造成至少92人死亡。
- 12月,巴西米纳斯热赖斯发生洪水,造成至少12人死亡。

1988年

- 1月2—8日,暴风雪袭击了美国中西部和东部地区,造成至少33人死亡。

- 2月3日,暴雨造成秘鲁瓦努科省发生泥石流,造成至少30人死亡。

- 2月,巴西里约热内卢省发生水灾、山体滑坡和泥石流,至少有30人死亡。

- 2月22日,南非奥兰治自由邦发生特大洪水,造成至少22人死亡。

- 4月23、24日,肯尼亚发生水灾,造成至少13人死亡。

- 5月22日,中国福建省发生特大水灾,造成72人死亡,200人受伤。

- 5月,中国东南地区发生水灾,造成至少149人死亡。

- 6月,古巴发生水灾,造成至少21人死亡。

- 6月12日,土耳其安卡拉发生特大水灾,造成13人遇难。

- 7月29、30日,中国浙江省发生特大水灾,264人死亡,50人失踪。

- 8月,由于尼罗河决口,苏丹发生水灾,至少有90人死亡,200人无家可归。

- 8月末和9月,季雨给孟加拉国75%的地区造成水灾。2 000多人死亡,更多人遭受饮水带来的疾病。造成至少3 000万人无家可归。

- 9月,中国南方地区发生水灾,造成至少170人死亡,11万人无家可归。

- 9月12—17日,飓风吉尔伯特袭击加勒比海和墨西哥湾,风速超过每小时155英里(249公里),中心水面压力为888毫巴——这是西半球有文字记载以来最低的水面压力,给牙买加造成严重损失。之后,吉尔伯特又刮向墨西哥尤卡卢坦半岛,造成蒙特雷地区200人死亡,损失达1亿美元。这次飓风造成至少260人死亡,在德克萨斯形成40次龙卷风。

- 9月22日,尼泊尔西部达尔邦村发生严重水灾,造成至少87人死亡。

- 9月,埃塞俄比亚南部发生严重水灾,造成至少87人死亡。

- 9月末、10月初,印度西北发生大面积洪涝灾害,估计造成1 000人死亡。

- 10月10—18日,越南北部发生水灾,造成至少27人死亡。

- 10月22—27日,飓风乔安袭击加勒比海海岸,给尼加拉瓜、哥斯达黎加、巴拿马、哥伦比亚和委内瑞拉造成严重损失,造成至少111人丧生。后来,风力有所减弱,变成热带风暴米利阿姆,进入萨尔瓦多,造成3 000人死亡。

- 10月24、25日,台风鲁比袭击菲律宾,引发洪水和泥石流,500人丧生,损失达5 200万美元。

- 11月7日,台风斯基普袭击菲律宾,造成至少129人死亡。

- 11月和12月,季雨造成泰国南部洪水泛滥,造成400多人死亡。

- 11月29日,一场旋风袭击了孟加拉国和印度东部,造成3 000多人死亡。

- 12月,印度尼西亚爪哇发生洪水和泥石流,造成至少40人死亡。

1989年

- 1月28、29日,旋风菲利加以每小时125英里(201公里)的速度袭击了留尼汪岛,至少有10人死亡,6 000人无家可归。

- 2月,秘鲁中部发生水灾,57人丧生。

- 2月25、26日,飓风袭击西班牙,造成至少12人死亡。

- 3月,也门发生水灾,造成至少23人死亡。

- 4月19日,大雨给格鲁吉亚共和国造成水灾、山体滑坡和山崩,造成至少50人遇难。

- 4月26日,龙卷风袭击孟加拉国20多座村庄,有1 000人死亡,1.2万人受伤,3万人无家可归。

- 5月6日,美国境内发生龙卷风和水灾,德克萨斯、弗吉尼亚、北卡罗来纳、路易斯安纳、南卡罗来纳和俄克拉荷马州有100多人死亡。

- 5月25、26日,台风塞西尔袭击越南,毁坏了3.6万所房屋,140人死亡,600人失踪。

- 5月27日,旋风袭击孟加拉国和印度东部,造成200人丧生。

- 6月,季雨给斯里兰卡造成水灾,300人死亡,12.5万人无家可归。

- 6月和7月,中国四川省发生水灾,造成至少1 300人死亡。

- 6月,厄瓜多尔发生洪涝灾害和山体滑坡,35人死亡,3万人无家可归。

- 6月和7月,暴风雪袭击中国西部地区,造成至少67人死亡。

- 7月24日,台风欧文袭击越南,造成至少200人丧生。

- 7月,台风朱迪袭击韩国,造成至少17人死亡。

- 7月,连日季雨给亚洲部分国家造成水灾,韩国死亡81人,印度死亡750人,失踪2 000人,巴基斯坦死亡17人,孟加拉死亡200人,中国死亡1 500人。

- 9月11日,台风萨拉袭击中国台湾,将一艘巴拿马号船一劈两半,死亡13人。

- 9月16日，台风维拉袭击中国浙江省，162人死亡，354人失踪，692人受伤。

- 9月17—21日，时速为每小时140英里（225公里）的飓风胡戈和时速达每小时220英里（354公里）的阵风袭击了加勒比海和美国东部海岸。9月17日，飓风到达瓜德罗普岛和背风群岛，造成11人死亡。然后在19日，又向圣约翰、圣克罗克斯、圣汤姆斯、美属维京群岛和波多黎各移动。蒙特塞拉特有10人遇难，维京群岛6人，波多黎各12人。随后，胡戈向北移动，风力逐渐减弱，于9月21日进入查尔斯顿、南卡罗来纳，造成房屋倒塌，砸死1人。9月22日，风继续刮向夏洛特、北卡罗来纳，造成一名小孩死亡。穿过蓝岭山山脉后，下午又进入弗吉尼亚和宾夕法尼亚，有2人死亡。风到弗吉尼亚时，时速为每小时81英里（130公里）。大风在南卡罗来纳阿文多掀起巨大海浪，在北卡罗来纳的几个岛屿形成龙卷风。蒙特塞拉特几乎所有房屋被毁，在安蒂加也有99%的房屋被毁。在圣克罗克斯，90%的居民无家可归。在波多黎各、福雷海滩、南卡罗来纳，也有80%的房屋被毁。胡戈给美国造成1.5亿美元的损失。

- 10月，台风安吉拉袭击菲律宾，造成至少50人丧生。

- 10月2—13日，3次台风先后进入中国海南省，造成63人死亡，700多人受伤。

- 10月10日，台风丹袭击菲律宾，43人死亡，8万人无家可归。

- 10月19日，台风埃尔斯袭击菲律宾，造成30人死亡，33.2万人无家可归。

- 11月4日和5日，台风盖伊袭击泰国，365人死亡，3万所房屋被毁。

- 11月9日,龙卷风袭击印度南部地区,50人死亡。
- 11月15日,美国阿拉巴马汉茨维尔遭遇龙卷风,15人死亡,119所房屋倒塌。
- 12月,巴西发生水灾,35人死亡,20万人无家可归。

1990年

- 1月,马达加斯加遭遇龙卷风袭击,造成至少12人丧生。
- 1月20—24日,突尼斯发生水灾,30人死亡,9 500人无家可归。
- 1月25日,飓风袭击欧洲,死亡人数为英国45人、荷兰19人、比利时10人、法国8人、德国7人、丹麦4人。
- 1月27、28日,印度尼西亚爪哇发生洪水和山体滑坡,造成130多人死亡。
- 2月3日,法国和德国遭遇飓风袭击,29人丧生,大风掀掉了房顶上的瓦片。
- 2月26日,飓风袭击欧洲,造成至少51人丧生。
- 3月、4月,肯尼亚和坦桑尼亚遭遇洪水袭击,140人死亡,2.5万名坦桑尼亚人无家可归。
- 4月18日,巴西里约热内卢发生水灾,11人死亡。
- 5月,由于雪水融化,河水上涨,引发俄罗斯水灾,130座村庄被淹,11人死亡。
- 5月,美国德克萨斯、俄克拉荷马、路易斯安纳和阿肯色州发生水灾,造成13人死亡。
- 5月9日,旋风袭击印度安得拉邦,至少有962人死亡,数千人失踪。
- 6月2、3日,龙卷风袭击美国印第安纳、伊利诺伊和威斯康星州,造成13人死亡。

- 6月14日,美国俄亥俄州遭遇洪水,大水冲毁了房屋,造成至少26人死亡。

- 6月,中国湖南、江西两省遭遇洪水袭击。洪水冲毁了1.5万所房屋,100多人死亡。

- 6月20日,土耳其发生洪水,48人死亡。

- 6月23、24日,台风欧菲进入菲律宾、中国台湾和其他省,总共有57人死亡。

- 7月,中国云南省遭遇洪水袭击,108人死亡。

- 7月,孟加拉国遭遇洪水,有26人丧生。

- 7月,西伯利亚贝加尔湖附近发生洪水,造成严重损失和部分人员伤亡。

- 7月2日,日本九州发生洪水和山体滑坡,造成24人死亡。

- 8月,台风袭击中国广东、福建两省,造成108人死亡。

- 8月,飓风袭击墨西哥,继而引发洪水,23人被淹死。

- 8月,台风延茜进入菲律宾和中国,中国福建、浙江的死亡人数达216人,菲律宾死亡12人。

- 8月,洪水袭击尼泊尔希特凡国家公园,淹死20人。

- 8月28、29日,龙卷风袭击伊利诺伊的普莱恩菲尔德,29人死亡,300人受伤。

- 8月31日,台风阿比袭击中国浙江省,有48人死亡。

- 9月11、12日,韩国汉城发生水灾和山体滑坡,83人死亡,52人失踪。

- 9月16、17日,台风弗罗袭击日本本州,82人死亡。

- 9月22、23日,墨西哥齐瓦瓦发生水灾,45人死亡,30人失踪,5 000人无家可归。
- 9月,孟加拉国发生水灾,14名孩子遇难。
- 10月,孟加拉湾掀起巨浪,50人死亡,3 000名渔民失踪。
- 10月23日,越南遭遇台风袭击,15人死亡,数千人无家可归。
- 11月14日,台风麦克袭击菲律宾,190人死亡,160人失踪,12万人无家可归。

1991年

- 2月,巴基斯坦发生洪水,24人死亡。
- 波斯湾战争结束,伊拉克部队在撤离时,放火点燃科威特613口油井、贮油罐和炼油厂。黑色烟幕笼罩在城市上空长达几个月。
- 4月10日,龙卷风袭击孟加拉国斯里普尔,摧毁了一家纺织厂,60人死亡,100人被压在瓦砾下。
- 4月26日,美国堪萨斯发生70场龙卷风,26人死亡,200多人受伤。
- 4月30日,一场旋风伴着20英尺(6米高)的海浪在孟加拉国海岛登陆,至少有13.1万人死亡,5 000名渔民失踪。
- 5月7日,孟加拉国通吉发生龙卷风,100人死亡。
- 5月9日,龙卷风袭击孟加拉国锡拉杰甘杰,13人死亡。
- 5月,孟加拉国发生水灾,100多人死亡,100万人无家可归。
- 5—8月,中国发生水灾,至少有1 800人死亡。
- 6月,阿富汗乔兹赞省发生特大洪水,5 000多人死亡。
- 6月,斯里兰卡发生水灾,27人死亡。
- 7月,印度和孟加拉国发生水灾和山体滑坡,至少有80人死亡。

- 7月20、21日,台风阿米袭击中国南部,至少有35人死亡。
- 7月28日,季雨造成印度马哈拉施特拉堤坝决口,淹没52座村庄,475人死亡,425人失踪。
- 8月,乍得和喀麦隆发生水灾,至少有41人死亡。
- 8月18—20日,飓风鲍勃袭击美国东海岸,16人死亡。
- 8月23日,台风格莱迪斯袭击韩国。釜山和蔚山的降雨量达到16英寸(406毫米),72人死亡,2 000人无家可归。
- 9月,柬埔寨发生水灾,100人死亡。
- 9月,孟加拉国发生水灾,250人死亡。
- 9月7—14日,印度孟加拉湾发生水灾,40人死亡。
- 9月27日,台风米莱尔以每小时133英里(214公里)的风速袭击日本九州和北海道,45人遇难。
- 10月27日,台风鲁斯以每小时143英里(230公里)的速度袭击菲律宾吕宋,43人死亡。
- 11月5日,热带风暴塞尔马给菲律宾造成水灾,3 000人死亡。
- 11月,印度南部发生水灾,125人死亡。
- 12月6—10日,台风瓦尔以每小时150英里(241公里)的速度袭击大洋洲的萨摩亚群岛,12人死亡,4 000人无家可归。
- 12月21、22日,美国德克萨斯州发生洪水,15人死亡。

1992年

- 1月5日,巴西里约热内卢发生水灾和泥石流,25人死亡。
- 2月1—7日,暴风雪袭击土耳其南部地区,继而引发雪崩,有201人丧生。

- 2月,加利福尼亚文图拉县和洛杉矶发生水灾,8人死亡,损失达2.43亿美元。

- 3月,中国江西省发生水灾,29人死亡。

- 5月13—15日,塔吉吉斯坦发生水灾,至少有200人丧生。

- 5月、6月,强降雨造成巴拉圭河、巴拉那河和伊瓜苏河涨水,阿根廷、巴西和巴拉圭等国发生水灾,数百座房屋被洪水淹没,28人死亡。

- 7月,中国福建、浙江省发生水灾,1 000多人死亡。

- 7月、8月,季雨引发巴基斯坦南部地区发生水灾,56人死亡,数千人无家可归。

- 8月23—26日,飓风安德鲁以每小时164英里(264公里)的速度袭击了巴哈马,然后向美国佛罗里达、路易斯安纳州行进。佛罗里达市的住宅遭到严重破坏。在佛罗里达,38人死亡,6.3万多所房屋被毁,损失达2亿美元。在路易斯安纳州有4.4万人无家可归,损失达3亿美元。这几乎是美国历史上损失最为惨重的飓风。

- 8月30、31日,热带风暴波利卷起20英尺(6米)高的大浪,在中国天津登陆,东南沿海有165人丧生,500多万人无家可归。

- 9月1日,海下地震引发的海啸波及尼加拉瓜西部海域,105人死亡,489人受伤。

- 9月2日,阿富汗古尔巴哈发生洪水,许多村庄被毁,3 000多人丧生。

- 9月11—16日,连日季雨造成印度河水上涨,巴基斯坦和印度发生水灾。巴基斯坦有2 000多人死亡,印度至少有500人死亡。

- 9月15日,菲律宾马尼拉洪水泛滥,10人死亡。

- 9月22日,法国阿尔代什、沃克吕兹和德龙地区发生水灾,80人死亡,30人失踪。

- 10月,印度卡拉拉发生水灾和山体滑坡,60人死亡,数千人无家可归。

- 11月,印度南部发生水灾和泥石流,230人死亡,数千人无家可归。

- 11月,乌克兰发生水灾,17人死亡。

- 11月,由于马地河涨水,阿尔巴尼亚发生水灾,11人死亡。

- 11月21—23日,45场龙卷风先后登陆美国从德克萨斯到俄亥俄的11个州,造成25人死亡。

- 12月10、11日,一场旋风伴着大雨和雪袭击了美国东北部地区,17人死亡,仅大西洋城一处的经济损失即达1 000万美元。

1993年

- 1月2、3日,旋风基那以每小时115英里(185公里)的速度袭击斐济,造成12人死亡。

- 1月7—20日,墨西哥的蒂华纳和美国加利福尼亚南部,暴雨造成水灾和泥石流,30人死亡,1 000人无家可归。

- 1月8日,一场持续5分钟的龙卷风袭击了孟加拉国的锡尔赫特和苏纳姆甘杰地区,32人死亡,1 000多人受伤。

- 2月,印度尼西亚爪哇发生水灾,60人死亡,多处房屋倒塌,难民数达25万。

- 2月,厄瓜多尔发生水灾,造成严重损失,具体死亡人数不详。

- 2月,伊朗发生水灾,500人死亡,损失达1 000万美元。

- 3月12—15日,美国东部发生暴风雪,有大约270人死亡,加拿大也有4人死亡,古巴有2人死亡。损失达1 000万美元。

- 4月9日,印度孟加拉西部遭遇龙卷风,5座村庄受灾,100人死亡。
- 4月26日,由于塔帕多河涨水,哥伦比亚发生洪水和山体滑坡,100人死亡。
- 5月3日,智利圣地亚哥发生洪水和泥石流,11人死亡。
- 7—8月,美国中西部由于密苏里和密西西比河涨水,发生水灾,50人丧生,损失达1亿美元。
- 7月,孟加拉国达卡发生水灾,有近200人死亡。
- 7月,连日季雨造成印度喜马偕尔邦水灾,至少有175人死亡。
- 7月6、7日,飓风卡尔文袭击墨西哥,28人死亡。
- 7月和8月,日本发生洪水和泥石流,40人死亡,22人失踪。
- 8月8日,热带风暴布莱特给委内瑞拉造成水灾和泥石流,至少有100人死亡。
- 9月,台风延西以每小时130英里(209公里)的速度袭击日本九州,41人死亡。
- 9月,尼加拉瓜、洪都拉斯和墨西哥发生洪水和泥石流,总共至少有42人死亡。
- 10月下旬和11月初,美国加利福尼亚洛杉矶盆地发生大火,桑塔阿那风使火势更盛。大火将300平方英里(777平方公里)的土地夷为平地。
- 10月31日—11月2日,洪都拉斯北部地区发生泥石流,1 000所房屋倒塌,400人死亡。
- 11月23日,台风凯尔袭击越南,至少有45人死亡。
- 12月,龙卷风袭击印度南部,47人死亡。

- 12月，飓风袭击英国，12人死亡。

- 12月17日，哥伦比亚达贝巴发生洪水和泥石流，22人死亡，35人受伤，另有数人失踪。

- 12月25日，阿尔及利亚奥兰发生泥石流，12人死亡，46人受伤。

- 12月25、26日，台风奈尔袭击菲律宾，至少有47人死亡。

- 12月，马来西亚发生洪水，14人死亡。

- 12月，比利时、法国、德国、卢森堡、荷兰、西班牙发生洪水，至少有7人死亡。

1994年

- 1月7日，菲律宾发生洪水和山体滑坡，15人死亡，30人失踪。

- 2月，哥伦比亚发生洪水，17人死亡，1 400所房屋倒塌。

- 2月2—4日，台风吉哈尔达以每小时220英里（354公里）的速度袭击了马达加斯加，50万人无家可归，托尔马兹那港95%的建筑被毁。

- 2月，秘鲁发生水灾和泥石流，50人死亡，5 000人无家可归。

- 3月27日，龙卷风袭击美国阿拉巴马、佐治亚、北卡罗来纳、南卡罗来纳和田纳西等州，42人死亡。

- 5月，旋风袭击莫桑比克楠普拉省，34人死亡，150万人无家可归。

- 5月2日，一场旋风以每小时180英里（290公里）的速度袭击了孟加拉国，233人死亡。

- 6月，中国广东、广西发生水灾，400人死亡。

- 6月3日，印度尼西亚爪哇东部海岸由于地震引发海啸，200多人死亡。

- 6月、7月，季雨引发印度水灾，有大约500人丧生。

- 7月，菲律宾发生洪水，68人死亡。

- 8月，一场台风以每小时85英里（137公里）的速度袭击中国台湾，10人死亡。

- 8月20、21日，台风弗莱德袭击中国浙江省，有大约1 000人死亡，损失达10.1亿美元。

- 8月26日，巴基斯坦俾路支省发生水灾，大水冲走一辆小公共汽车，车内24人全部遇难。

- 8月27、28日，摩尔多瓦发生水灾，至少有50人死亡。

- 8月，尼日尔发生水灾，40人丧生。

- 9月23日，阿尔及利亚发生洪水，29人死亡。

- 10月16—19日，美国德克萨斯、休斯敦发生水灾，10人死亡。

- 10月23日，台风台荷萨袭击菲律宾吕宋，25人死亡。

- 11月13—19日，热带风暴高登袭击佛罗里达和南卡罗来纳州，537人死亡，损失至少2亿美元。

- 11月，旋风袭击索马里北部，30人死亡。

1995年

- 1月，狂风暴雨引发美国加利福尼亚州大部分地区发生洪水，至少有11人死亡，估计损失在3亿美元。

- 1月末，2月初，强降雨和融化的积雪造成莱茵河、美因河等河水涨水，使比利时、法国、德国，尤其是荷兰等国发生大面积水灾。有大约30人死亡，损失估计在2 000万美元。

- 3月初，美国加利福尼亚州再次发生水灾，至少有12人死亡。

- 3月27日,强降雨引发阿富汗发生泥石流。一个村庄被毁,354人死亡,64人受伤。
- 5月初,印度尼西亚苏门答腊北部发生洪水和山体滑坡,至少有55人死亡,1.75万人无家可归。
- 5月17日,孟加拉国东南部的强降雨和大浪造成大约100人死亡。
- 5月末,连续强降雨冲走了安哥拉的一个幼儿园,死亡的33人中有25个是孩子。
- 6月3日,美国德克萨斯州斯迪米特附近一场持续大约20分钟的龙卷风摧毁了一处住宅,刮起了路面行驶的汽车,卷起了高速公路上475平方码(397平方米)的一块沥青路面,甩到了离原地220码(201米)远的地方。龙卷风的风速达到每小时155英里(249公里)。这次龙卷风,人类首次用雷达对龙卷风进行观测研究,得出的有关龙卷风内部结构的数据远比以前的研究详细准确。
- 6月,连续的季雨引发孟加拉国和尼泊尔大面积水灾和山体滑坡,共有110人死亡。
- 6月、7月,连续的强降雨引发中国湖南、湖北和江西等省发生水灾,至少有1 200人死亡,560万人无家可归,大约90万所房屋被毁,400万所房屋受到不同程度破坏,有130万人口需要重新安置。
- 7月13日,洪水引发土耳其塞尼尔特发生泥石流。有大约200所房屋被毁,至少50人丧生。
- 7月中旬,150多人死于孟加拉国所发生的洪水,大约600人死于巴基斯坦的洪水。
- 7月中旬,连日降雨引发中国南部地区发生山体滑坡。晚上,正当村民们熟睡时,突发的山体滑坡夺走326人的生命。

- 7月中旬,台风法耶袭击韩国,至少有16人丧生,25人失踪。

- 7月末,朝鲜发生水灾,持续了几个月,有10万个家庭失去了家园,占人口35%的500万人口受到洪水灾害的影响。9月11日,联合国世界卫生组织宣布提供10万美元的援助,帮助灾民重建家园。

- 8月17日,强降雨造成摩洛哥阿特拉斯山脉发生洪水,230多人死亡,500人失踪。

- 9月上旬,季雨造成印度北部至少40人死亡。

- 9月上旬,摩洛哥再次发生洪水,有31人死亡。

- 9月4—6日,飓风路易斯以每小时140英里(225公里)的速度袭击了波多黎各和美国维尔米亚半岛,至少有15人丧生。

- 9月14日,飓风伊斯梅尔袭击墨西哥,至少有107人死亡,大多数为出海打鱼的渔民。

- 9月中旬,泰国76个省中的52个省受到洪水不同程度的影响,至少有62人死亡。

- 9月15、16日,飓风马利林以每小时100英里(160公里)的速度袭击美属维京群岛和波多黎各,9人死亡,100人受伤,圣托马斯地区80%的房屋被毁。

- 9月下旬和10月上旬,连续5天的强降雨造成孟加拉国发生大面积洪水。100多人死亡,100多万人被困家中。

- 10月1日,热带暴风雨西比尔袭击菲律宾,有29个省、27个市受到不同程度的影响。暴风雨引发了洪水、山体滑坡和泥石流,100多人死亡,100多人失踪。

- 9月27日，飓风欧帕尔以每小时150英里（241公里）的速度到达墨西哥尤卡坦半岛上空，到9月末形成热带暴风，10月2日又形成飓风，总共死亡63人。10月4日到达佛罗里达，风势有所减弱，继而刮向北卡罗来纳、佐治亚和阿拉巴马，损失大约在2 000万美元左右，主要是由于12英尺（3.7米）高的大浪所造成。
- 10月，飓风罗克萨以每小时115英里（185公里）的速度袭击了墨西哥海岸附近的科苏梅尔岛，14人死亡，成千上万人无家可归。
- 10月26日，黎明前时分，由于多日暴雪引发的雪崩吞噬了冰岛一个渔村的17所住宅，20条生命。
- 10月以来，热带风暴扎克袭击菲律宾，造成严重水灾，吞没了一艘船只，船上59人遇难。总共至少有100人死亡，6万人无家可归。
- 11月3日，台风安克拉以每小时140英里（225公里）的速度袭击了菲律宾北部地区。有700多人丧生，1.5万所房屋被毁，20万人无家可归。庄稼、道路和桥梁等等的全部损失达770万美元。
- 11月11日、12日，暴雪造成尼泊尔雪崩和泥石流，至少有45人死亡。
- 12月25日，南非纳塔尔省由于连日降雨造成严重水灾，至少有130人死亡。
- 12月末，寒冷天气和暴风雨影响了英国、哈萨克斯坦和孟加拉国等欧洲和亚洲国家，有350多人丧生，大多数为莫斯科境内的人。
- 12月末，强降雨造成巴西发生洪水，有60人死亡。

1996年

- 1月6—9日，美国东部发生70年以来最严重的暴风雪，至少有23

人死亡。时速为每小时25—35英里（40—56公里）的大风卷着大雪威胁着阿拉巴马、印第安纳、肯塔基、马里兰、马萨诸塞、新泽西、纽约、北卡罗来纳、俄亥俄、宾夕法尼亚、罗得岛、弗吉尼亚、华盛顿和西弗吉尼亚。肯塔基、马里兰、新泽西、纽约市、宾夕法尼亚、弗吉尼亚和西弗吉尼亚成立了应急办公室。克林顿总统宣布9个州为重灾区。9日当天，纽约市内未能发送任何信函，联合国大厦关闭。

- 5月13日，龙卷风以每小时125英里（201公里）的速度袭击了孟加拉国，440多人死亡，3.2万多人受伤。在不到半小时的时间里，龙卷风摧毁了80个村庄，受灾最严重的是离达卡北45英里（72公里）远的坦盖尔区。死亡人中的大多数为巴沙尔村居民，部分为寄宿学校的学生。兰普尔地区的死亡人数为55人，其他地区也有伤亡人员。

- 6月3日，由于干旱，加上每小时25英里（40公里）的大风的助燃，阿拉斯加60英亩（24公顷）的森林变成了火海。消防队员估计，大火是由于燃放鞭炮所致。到6月6日，火势蔓延，烧毁了4万多英亩（1.6188万公顷）的森林。到月末时，还有余火在燃烧。

- 6月16日，旋风和强降雨引发印度北部几个州严重水灾。电话线路全部中断，数千人流离失所，至少100人死亡，有190人（主要为出海渔民）失踪。

- 6月19日，暴风雨造成意大利托斯卡纳严重水灾，泥石流使河水决堤，桥梁被冲毁。福诺瓦拉斯科和卡多索为受灾最为严重的村庄，被维察河淹没。6月20日，这两个村的1000多名居民被疏散转移。泥石流堵住了罗马通往热那亚的主要通道。到6月21日，共有11人死亡,30人失踪。

- 6月末,干旱引起美国内华达、新墨西哥、犹他和亚利桑那森林大火。内华达的大火是由于孩子们在雷诺南60英里(96公里)处玩汽油时引燃,烧毁了近4 000英亩(1 619公顷)土地。6月23日,有3 000—4 000人被疏散,但于次日便重返家园。亚利桑那的大火烧毁了3.15万英亩(1.274 8多万公顷)的森林。而在犹他州,火势面积达3万英亩(1.214 1万公顷);离新墨西哥州阿尔伯克基西45英里(72公里)处的杰梅兹山脉的桑塔区国家森林公园的360英亩(146公顷)森林被烧毁。到了7月,干旱没有丝毫减弱,德克萨斯州的饮用水紧缺。7月27日内华达州的大火由于持续小雨而得到有效控制,但闪电引发犹他州更多地区起火,烧毁了迪克西国家森林公园的8 000英亩(3 238公顷)森林。爱达荷州的大火烧毁了1.3万英亩(5 261公顷)的丛林。在科罗拉多州,火势达5 340英亩(2 161公顷)土地,后来得到有效控制。到8月末,8.4万场大火烧毁了9个州大约480万英亩(190万公顷)土地。8月26日,俄勒冈州又发生数起大火,与此前的大火共烧毁俄勒冈州的10万英亩(4.047 0万公顷)土地,又向加利福尼亚、华盛顿、爱达荷、犹他、内华达、蒙大拿和怀俄明州蔓延。到8月末,先后有2万名消防队员奋战在西部各州救火第一线。

- 6月末,由于连续两周的雨水,委内瑞拉诺科河水上涨10英尺(3米),河水决堤,形成洪水。阿马索尼亚部落居民耕种的10万英亩(4 047多公顷)良田被洪水淹没。6月28日,委内瑞拉阿马索尼亚州宣布进入紧急状态。

- 6月末、7月初,持续两周的季雨造成恒河和布拉马普特拉河决口,洪水淹没孟加拉国1/3地区,受灾人数达到300万。7月,贾穆纳河发水,淹没50个村庄,离达卡西北65英里(105公里)的锡拉杰甘杰的7万居民被转移。由于缺少清洁的饮用水,有1 000多人患伤寒和腹泻。大雨和洪水持续了一个多月,至少有115人死亡,600万人口失去家园或牲畜。季雨还造成尼泊尔境内82万人死亡,印度境内78人死亡。

- 开始于6月、持续到8月的强降雨引发中国中南部11个省洪水泛滥。8月,浙江省省会杭州水深达20英尺(6米)。有1 500多人死亡,估计洪水淹没了至少250万英亩(100万公顷)农田,2 000万人的财产受到不同程度的损失。到7月中旬,中国中部的长江和其他河流水位继续上涨,洞庭湖涨水,淹了湖南39个县市,某些地段水深达20英尺(6米)。有大约800万部队官员、警察、预备役军人、官员、部队院校的学生组织起来,对65万受灾居民进行救助。洪水造成的损失估计在1.2亿美元。7月25日,洪水开始回落,但到8月初,重又上涨。蒙古也遭遇洪水,41人死亡,由于两条河流发水,首都乌兰巴托被淹。

- 7月初,南非东部许多地区遭遇暴风雪,数千名旅游者和徒步登山者被困。哈里史密斯山口被6英尺(1.8米)深的雪阻塞,3 000多人被困。到7月10日,死亡人数增至44人,包括莱索托的两个男孩。7月11日,直升机解救出了自7月6日起就被困在德肯斯山脉的96名登山者,道路重又恢复通行。约翰内斯堡南部的91人也被解救出来。在莱索托马卢迪山脉附近的村庄,有约10万人被困。约翰内斯堡南的自由州省的某些地区,气温降至10℉(−7℃)。加勒陀利亚气象局说,这是自1962年以来最大的、持续时间最长的降雪,甚至是自由州省某些地区50年来的首次降雪。

- 7月7日,意大利北部马乔列湖涨水,死亡2人,其中一名67岁的妇女死于奥梅尼亚山体滑坡,另一名德国水上划舟的游人被水冲走。到7月8日,通往奥梅尼亚山的主要交通道路被水淹没,并积满淤泥。洪水的直接原因是暴风雨。

- 7月8日,飓风伯塔伴着大雨以每小时103英里(166公里)的速度到达美属维京群岛,穿过圣汤姆斯,到达离波多黎各45英里(72公里)处的地方。这时的风速为每小时85英里(137公里),降雨量达到5—8英寸(127—203毫米)。随后发生了洪水和泥石流。伯塔刮过英属维京群岛,掀翻了房顶,使供电线路陷于瘫痪,住宅被洪水淹没。飓风继续前行,到达圣基兹岛、尼维斯岛和安圭拉岛。7月10日,飓风伯塔伴着20英尺(6米)高的大浪,以每小时100英里(160公里)的速度到达巴哈马群岛。7月12日,飓风到达卡罗来纳海岸,继续向北行进,最后到达特拉华和新泽西。到7月11日,伯塔已造成波多黎各和维京群岛6人死亡,佛罗里达1人死亡。委内瑞拉一艘航行在波多黎各暴风风口的船只发出信号称,船上载有42人,却只有1件救生衣。美国海岸警卫队派出人员,进行海上搜救。伯塔最初的风力等级为1级,到7月9日升级为2级,当风力达到每小时115英里(185公里)时,又升级为3级飓风。伯塔的区域很广,直径达到460英里(740公里),风口的风速达到每小时115英里(185公里)。

- 7月12日,暴风雨造成科罗拉多州洪水暴发,冲毁两条道路、一座桥梁和几座建筑。

- 7月13日,连日季雨造成孟加拉北部发生洪水,孟加拉邦西部山体滑坡。洪水造成14人死亡,10万人无家可归,另有37人死于山体滑坡。

- 7月中旬,连日的季雨造成印度阿萨姆邦发生洪水,淹没60座村庄。政府为150万难民修建了120个难民营。

- 7月中旬,龙卷风摧毁了中国江苏省两个市的电力和通讯设施及几百座房屋。房屋倒塌使许多农民或死或伤。台风使11人遇难死亡,200多人受伤。

- 7月18日,台风伊夫刮过日本最南部岛屿九州南部的半岛,最高风速达到每小时119英里(191公里),后来逐步减弱。

- 在整个7月间,魁北克都在雨中度过。后来两天,雨量加大,降雨量达到11英寸(279毫米)。7月21日,河水决堤,引发离蒙特利尔约200英里(320公里)海岸附近地区大面积发生洪水。至少有8人死亡,大约100座房屋被毁。因担心附近大坝决口,1.2万户居民不得不暂时离开家园。有大约3 000人住进了巴戈特维尔军事基地的帐篷里,还专门为40只猫狗提供了两顶帐篷。魁北克政府动用了2亿美元作为救济金,但水灾危害所造成的损失远大于这笔资金。

- 7月23日,热带暴风弗兰基以每小时56英里(90公里)的速度,伴着4.5—8英寸(114—203毫米)的降雨从东京湾向红海三角洲、越南移动。两天后,风力减弱,造成41人死亡,多人失踪。

- 7月25日,台风格罗里以每小时106英里(170公里)的速度进入菲律宾,至少有30人死亡。这是自1996年以来袭击菲律宾群岛的第六次大风暴。翌日,格罗里风力减弱为热带风暴,到达中国台湾和南海,造成3人死亡。

- 7月末,连续5天的强降雨使朝鲜、韩国水稻田里积水达到20英寸（508毫米），朝鲜某些地区的积水甚至达到29英寸（737毫米）。联合国官方文件称，朝鲜至少有230人死亡。河水泛滥，引发洪水和山体滑坡，韩国有64人死亡，其中有44名士兵在驻扎基地被泥石砸死。韩国边境城镇涟川和汶山的房屋被洪水淹没至房顶，有大约5万人被迫迁移至汉城北部的一个地区。估计损失达4亿美元。1995年，朝鲜发生水灾，使全年20%的粮食产量成为泡影，饥荒威胁着整个国家。

- 7月31日，台风荷伯以每小时121英里（195公里）的速度，伴着24小时内44英寸（1 118毫米）的降雨到达中国台湾南部阿里山地区，淹没了数千所住宅，至少有41人死亡，34人失踪。这是台湾近30年以来破坏力最严重的一场台风。此后，荷伯刮过台湾海峡，进入中国大陆，于8月1日以每小时87英里（140公里）的速度在福建登陆。

- 7月7日，连日季雨造成尼泊尔北部地区山体滑坡，几十所房屋被毁，至少有40人死亡。

- 7月7日，在连续两天的强降雨之后，洪水、泥土、岩石摧毁了西班牙比利牛斯山脉的一处营地。至少有100人死亡。

- 8月14日，台风科克以每小时130英里（209公里）的速度，伴着305毫米的降雨刮过日本本州西南部。8月15日，风向又转回来，以每小时56英里（90公里）的速度刮过该岛的北部地区，然后向中国东南方向行进，引发水灾，淹没了黄河沿岸的845个村庄。

- 8月中旬，俄罗斯东部地区连续两周的强降雨淹没了8个城镇和126个村庄，有4人死亡。洪水冲毁了道路、桥梁、庄稼，电话线路被破坏，3 500座建筑遭到破坏。损失估计达1.4亿美元。

- 8月20日，热带暴风雨多利以每小时30英里（48公里）的速度行进。当风速达到每小时75英里（121公里）时，风力加强。到达墨西哥加勒比海岸时，已加强成为飓风。随后风力减弱，重又回到海上，风力再次加强，然后向墨西哥东北部和德克萨斯方向刮去。

- 8月，越南北部遭遇强烈暴风，暴风卷起巨大的水柱到达厚禄。暴风摧毁了许多渔船，有53人死于暴风雨和强降水引起的水灾。洪水和泥水流摧毁了1 000所房屋，在与老挝接壤的边境地区有1万居民失去家园。8月21日，红河水上涨，高出洪水警戒线1.6英尺（49厘米），河内受到洪水威胁，全线告急。次日，红河水冲毁堤坝，向西北30英里（48公里）的河内方向冲去，河水漫过全市几英尺，8万人逃离家园。8月23日，台风风力减弱，转而为热带暴风尼基，向海防方向行进，途中致千艘货船沉入海底，1人遇难身亡。

- 9月1日，飓风艾多阿德袭击美国等地，马萨诸塞州宣布进入紧急状态。此时，风力由每小时140英里（223公里）的速度减弱到每小时100英里（160公里）。此前，艾多阿德已经过新泽西，造成2人死亡。飓风弗兰以每小时290英里（467公里）的速度向加勒比海的波多黎各东北部行进。与此同时，飓风古斯塔夫也正以每小时80英里（129公里）并随时可能增强的速度，向大洋洲的佛得角群岛发起冲击。

- 8月末，连日的强降雨引发水灾，给孟加拉国北部地区带来威胁。帕德马河决口，拉杰沙希市由于地势低，被凶猛的洪水没过2英尺（60厘米）。拉杰沙希等地的农作物全面告急。至少有50万人受到洪水不同程度的影响，10万人无家可归，201人死亡。

- 9月2日，连续两个小时的强降雨造成洪水泛滥。大水淹没了苏丹喀土穆北部的道路，冲毁了桥梁。数千人无家可归，15人丧生。

- 9月6日，飓风弗兰以每小时115英里（185公里）、风力中心为每小时125英里（201公里）的速度在8点前到达美国卡罗来纳州，继续向北移动。风力中心的面积达到145英里（233公里）。到午夜时分，风力减弱到每小时100英里（160公里），风眼消失，但飓风在某些地区形成龙卷风，风浪达12英尺（3.7米）高。50万人被迫离开卡罗来纳海岸地区，另有其他8个县也接到撤离指令。次日，弗兰经过北卡罗来纳、南卡罗来纳、弗吉尼亚和西弗吉尼亚州，造成3 000人死亡，损失估计在6.25亿美元，但有可能更高。克林顿总统宣布北卡罗来纳和弗吉尼亚州为重灾区，弗吉尼亚、西弗吉尼亚和北卡罗来纳州政府宣布进入紧急状态。飓风引起水灾，随后强降雨在北卡罗来纳州东部再次掀起巨浪，纽斯河水位上升13英尺（3.9米）。道路关闭，河流涨水，附近1 000多位居民被转移。9月16日，暴雨掀起的巨浪和龙卷风袭击该州的东南部地区，灾害程度继续增加。

- 9月7日，热带风暴霍坦斯造成西印度群岛的马提尼克岛大雨倾盆，引发水灾，冲毁电力线路。之后，风向转向英属维京群岛和波多黎各，此时降雨达10英寸（254毫米），风速达每小时60英里（96公里），中心地带达每小时100英里（160公里）。到9月10日，风力增强为飓风，在波多黎各岛上的降雨量达20英寸（508毫米），引发洪水、泥石流，损失达到1.55亿美元。之后，飓风继续向多米尼加共和国推进。在波多黎各造成16人死亡，几十人失踪，随后刮向巴哈马群岛、特克尔斯群岛和凯克斯群岛。

- 9月10日，台风萨利途经香港，以每小时108英里（174公里）的速度进入中国广东。有130多人死亡，数千人受伤，近40万所房屋被毁，30多艘渔船沉入海底。

- 9月，热带风暴造成越南中部地区发生水灾，17人死亡，11.4万人被迫离开家园。

- 9月22日，台风维奥莱特以每小时78英里（125公里）的降雨进入日本东京。到9月23日，台风减弱为热带风暴，向太平洋方向刮去，至少有7人死亡，大多数为东京居民。维奥莱特在本州引发了大约200处山体滑坡，毁坏房屋80多所，淹没3 000多所。

- 9月末，台风威利袭击中国海南岛，至少有38人死亡，96人失踪。在海南省省会海口，70%的街道被淹没，某些地区的降雨达15英寸（381毫米）。在受灾最重的县，台风摧毁了防浪大堤，刮走了53艘渔船和43座房屋。河水淹没了9.5万英亩（3.844 6万公顷）农田。

- 9月，连续一周的强降雨造成波斯尼亚大面积水灾，几个地区宣布进入紧急状态，道路、电路和电话设施都受到破坏。

- 9月25日，热带风暴艾西多在大西洋东部形成，以每小时21英里（34公里）的速度向西北方向行进，后风力加强至每小时65英里（105公里）。

- 9月28日，台风扎恩进入中国台湾，引发泥石流，2人死亡，然后向冲绳岛行进。

- 9月29日，连日的季雨造成柬埔寨水灾，淹没了100所房屋，冲毁了大约3万英亩（1.214 1万公顷）农田。柬埔寨宣布进入紧急状态。次日，洪水进入金边。至少有11人死亡，受灾人数达300万。

在与老挝接壤的边境地区,发生严重水灾和山体滑坡。到10月2日,越南境内的湄公河涨水发洪,水位持续上涨。到10月7日,越南境内有21人死亡,20万座房屋和2.47万英亩(9 996公顷)庄稼被淹。

- 10月4日,连续降雨造成墨西哥马塔莫罗斯发生洪水。次日,整个城市街道被3英尺(91厘米)深的积水淹没,1 500多人无家可归,2人死亡。

- 10月7日夜晚,热带风暴约瑟芬以每小时70英里(113公里)的速度,伴着5英寸(127毫米)的降雨,在美国佛罗里达州海岸登陆。后风势加强,引发龙卷风。风暴掀起6—9英尺(1.8—2.7米)的大浪。

1997年

- 1996年12月的最后一周到1997年的1月初,强降雨和暴风雪造成美国加利福尼亚、爱德华、内华达、俄勒冈和华盛顿等州洪水泛滥,有90多个县宣布进入紧急状态,有12.5万人被转移,29人死亡。

- 1月初,寒流袭击欧洲,至少有228人死亡。

- 2月18日,秘鲁南部发生强降雨和泥石流,冲毁了科恰和普马拉恩拉村,300人丧生。

- 2月末、3月初,玻利维亚热带低地区经历了30年以来最猛烈的降雨。有大约10万农民的庄稼毁于一旦,至少16人死亡。

  与此同时,美国印第安纳、肯塔基、俄亥俄、田纳西和西弗吉尼亚等州俄亥俄河流沿线地区由于连日暴雨发生特大洪水。许多小城镇被洪水淹没,数千人被转移,至少有30人死亡。

- 3月初,龙卷风袭击美国阿肯色州,造成严重损失,至少有25人死亡。
- 3月初,旋风加文给斐济造成严重损失,至少有26人死亡。
- 3月末,沙特阿拉伯发生大风和强降雨,22人死亡。
- 4月末,大洋洲上的密克罗尼西亚联邦的波恩佩岛由于强降雨引发水灾和山体滑坡,13人死亡。
- 5月2日,埃及发生沙尘暴,12人死亡,50人受伤。
- 5月,中国广东省由于大雨引发洪水,17个村庄被淹,至少110人死亡,1 300多人受伤。
- 5月19日,一场旋风袭击孟加拉国东南部沿海地区。60万座房屋遭到破坏,至少有100人死亡,1万人受伤。
- 5月27—29日,数场龙卷风刮过美国德克萨斯韦科到奥斯汀一线,1 000英亩(400公顷)农田和60座房屋被毁,30人死亡,其中27人为离奥斯汀北部40英里(64公里)的贾莱尔地区的居民。在那里,5英里(8公里)长、半英里(800米)宽范围的龙卷风的速度达到每小时260英里(418公里)。
- 5月末,强降雨使菲律宾发生水灾,至少有29人死亡。
- 6月,智利中部连续三周的降雨引发水灾,18人死亡,4.5万人无家可归。
- 6—8月的季雨使印度发生水灾和山体滑坡,至少有945人死亡,380万英亩(155万公顷)农田、农作物受到损失。
- 6—12月间,受厄尔尼诺现象影响,印度尼西亚发生旱灾、冰冻、森林大火,引发了饥荒,伊里安查亚地区死亡500人,巴布亚新几内亚死亡70人。

- 6月23日,乌克兰西部受暴风雪袭击,有11人死亡。
- 6月末至8月初,欧洲遭遇200年来最为严重的洪涝灾害。波兰和捷克共和国有成千上万人离开家园,数百座村庄被淹没,100多人死亡。
- 在同一时间,强降雨也给缅甸造成水灾,至少有13人死亡,数千人无家可归。
- 7月2日,美国密歇根南部发生龙卷风和暴风雪,摧毁339座房屋和工厂,16人死亡,100多人受伤。
- 7月5日,伊朗北部的强降雨引发特大洪水,淹死11人,数千所房屋被冲走,牧场和农田被毁。
- 7月10日,连续降雨引发日本某地发生泥石流,16座房屋被毁,19人死亡。
- 7月13日,孟加拉国东南部发生洪水,至少有57人死亡,25万人无家可归。
- 7月18日,强降雨使中国贵州省发生山体滑坡,有30多人死亡。
- 7月,连续一周的强降雨引发洪水,威胁到中国南方地区,56人死亡,数千人无家可归,财产损失达2.24亿美元。
- 7月8日,在墨西哥安吉尔福洛斯镇,一场小规模的龙卷风把附近池塘里的癞蛤蟆卷起,又像下雨般地落回地面。
- 8月4日,台风维克多以每小时75英里(121公里)的速度在中国南部广东、福建两省登陆,49人死亡,1万多座房屋被毁。
- 8月18—19日,台风维尼以每小时92英里(148公里)的速度,伴着强降雨,在中国东部台湾等省和菲律宾登陆。台湾至少有37

人死亡,浙江140人死亡,并有成千上万座房屋被毁,菲律宾16人死亡,并有6万人离开家园。

- 8月末,暴风雨引发泰国南部地区发生洪水,有28人死亡。

- 9月,异常强烈的厄尔尼诺现象造成印度尼西亚旱灾,旱灾引发苏门答腊加里曼丹和爪哇森林大火,烟雾弥漫了亚洲南部大部地区,大火持续到1998年春季。

- 10月8—10日,飓风普利恩以每小时115英里(185公里)的速度,伴着30英尺(9米)高的大浪袭击了墨西哥阿卡普里托和许多村庄,217人死亡,2万人无家可归。

- 10月12日,孟加拉国通吉遭遇龙卷风,25个正在图拉格河岸祈祷的人遇难,另有数千人受伤。

- 10月中旬—11月末,强降雨造成索马里、埃塞俄比亚、肯尼亚等国30年来最严重的洪水灾害。庄稼被毁,2 000多人死亡,大约80万人无家可归。

- 10月末,美国科罗拉多、堪萨斯、内布拉斯加、密苏里、艾奥瓦、威斯康星和密歇根州发生暴风雪,道路机场被毁,供电通讯设备中断,至少16人死亡。

- 10月31日,葡萄牙亚速尔群岛的圣米格尔岛由于暴雨引发泥石流,冲毁了一些房屋,并至少有16人死亡。

- 11月初,旋风马丁登陆太平洋库克群岛,至少有18人死亡。

- 台风琳达以每小时75英里(121公里)的速度袭击了越南、柬埔寨和泰国,数千所房屋被毁。越南有464人死亡,3 218人失踪,柬埔寨和泰国也有20人遇难。

- 11月,厄瓜多尔大雨倾盆,引发泥石流,有25人死亡,大约1万人无家可归。

- 11月23日,乌干达东部倾盆大雨引发泥石流,至少有29人死亡。
- 12月1日,暴风雪袭击印度北部的大约15个村庄,至少有44人死亡,100多人受伤。

1998年

- 1月2日,大风掀起巨浪,给西班牙北部和法国南部地区造成严重损失,至少有18人死亡。
- 1月初,孟加拉国北部发生罕见寒流,130多人丧生。
- 1月,受厄尔尼诺现象影响,连日强降雨给秘鲁造成50年来最严重的洪涝灾害,70人死亡,2.3万人无家可归。
- 1月5—11日,加拿大魁北克、安大略、新不伦瑞克和美国缅因、新汉普郡、佛蒙特、纽约等地遭遇冰雹,至少有20人死亡,300万家庭断电,有的甚至长达两周。
- 1月中旬,肯尼亚发生洪灾,至少有86人死亡。
- 2月3日,龙卷风袭击美国佛罗里达中部地区,至少有42人死亡,260多人受伤,数千所房屋被毁。
- 3月3日至4日,巴基斯坦布卢基斯坦遭遇特大洪水,300人死亡,1 500人失踪,大约2.5万人无家可归。
- 3月20日,龙卷风造成美国佐治亚州北部地区至少12人死亡,80人受伤,北卡罗来纳州2人死亡,22人受伤。
- 3月末,旋风袭击了印度西孟加拉和奥里萨几个村庄,至少有20人死亡,1万人无家可归。
- 4月初,洪水造成伊朗100人死亡。

- 4月8—9日，龙卷风袭击美国密西西比、阿拉巴马和佐治亚州，39人死亡。

- 4月16日，美国肯塔基、田纳西和阿肯色州发生两场龙卷风，至少有10人死亡。

- 4月末，阿根廷和巴拉圭的巴拉那河盆地发生洪水，18人死亡，10万人被迫离开家园。

- 5月，厄尔尼诺现象使气候干旱，致使墨西哥发生森林大火（村民们在耕种前曾用火清理土地）。火势蔓延至瓦哈卡、格雷罗、尤卡坦、坎佩切和莫雷洛斯1 875平方英里（4 856平方公里）的土地。烟雾笼罩墨西哥市，还波及美国南部。

- 5月初，意大利萨诺镇被泥石流吞没，至少有135人死亡。

- 5月末、6月初，印度遭到50年来最严重的热浪袭击，至少有2 500人死亡。

- 5月22日，旋风袭击孟加拉国南部地区，至少有25人死亡，100人受伤。

- 6月、7月，美国德克萨斯遭到热浪袭击，110人死亡。

- 6—8月，中国长江发生洪水，2.3亿人受到不同程度的影响，3 656人死亡，损失达209亿元美元。

- 6月9日，一场威力巨大的旋风袭击了印度古吉拉特，有100多人失踪。

- 6月中旬，洪水造成罗马尼亚21人死亡。

- 6月末，从威斯康星到西弗吉尼亚的美国中西部和东部地区，阿巴拉契亚山脉北至佛蒙特一带遭遇暴雨、洪水和龙卷风袭击，至少有21人死亡。

- 7月，乌兹别克斯坦和吉尔吉斯斯坦发生洪水，至少有115人死亡。

- 7月、8月，韩国遭遇洪水袭击，234人死亡，91人失踪，12.1万多人无家可归。

- 7月中旬—9月中旬，连日季雨使孟加拉瓜发生洪水，1/3国土被洪水淹没，3 000多万人口无家可归，至少有1 000人死亡。

- 7月17日，巴布亚新几内亚发生海啸，9个村庄受到威胁，至少2 500人死亡。

- 7月末，斯洛文尼亚东部发生水灾，至少有21人死亡。

- 8月初，塞浦路斯遭热浪袭击，48人死亡。

- 8月，也门发生洪水，至少有30人死亡。

- 8月末、9月初，印度北部、东部地区发生洪水和山体滑坡，至少有1 000人死亡。

- 8月23、24日，美国德克萨斯南部、墨西哥北部的格朗德河发水，16人死亡，60多人失踪。

- 8月26日，山体滑坡吞噬了危地马拉北部的几个山村，至少有25人死亡，4 000人被迫离开家园。

- 8月末，台风雷克斯以每小时132英里（212公里）的速度登陆日本本州。雷克斯携风带雨，引发了洪水和泥石流。灾难中有13人死亡，30人受伤，4万人离开家园。

- 9月初，墨西哥恰帕斯发生洪水，至少有185人死亡，2.5万人无家可归。

- 9月、10月，苏丹境内的尼罗河段发洪，造成至少88人死亡。洪水淹没了12万座房屋，有20万人流离失所，无家可归。

- 9月21—28日，飓风乔吉斯以每小时120英里（193公里）的速度伴着倾盆大雨,袭击了加勒比海和美国湾海岸。加勒比海至少有30人死亡,其中250人为多米尼加共和国居民,27人为海地人。接着,乔吉斯刮过路易斯安纳、密西西比、阿拉巴马和佛罗里达,又有4 000人死亡。

- 9月末、10月初,热带风暴亚尼给韩国造成洪水,1/4的农田被淹,至少17人死亡,28人失踪。

- 10月中旬,台风泽伯登陆菲律宾、中国台湾和日本。风力最强时的风速达到每小时150—184英里(241—296公里)。菲律宾有74人死亡,台湾有25人,日本有12人。

- 10月17—18日,强降雨引发了洪水,淹没了德克萨斯1/4的土地,至少有22人死亡。

- 10月20—22日,越南中部发生洪水,52人死亡。

- 10月末,飓风米奇袭击美国中部。这是200年来破坏最严重的飓风。10月26日,风力达到5级,风速超过每小时155英里(249公里),中心压力为906毫巴,连续33个小时,米奇的风力稳定在5级不变。暴风使150万人无家可归,洪都拉斯死亡人数达6 500人,尼加拉瓜1 845人,萨尔瓦多239人,危地马拉253人,哥斯达黎加8人,巴拿马2人,还有1.2万人失踪。

- 10月末,台风巴伯斯登陆菲律宾,至少有132人死亡,32万人无家可归。

- 11月中旬,喀尔巴阡山山脉发生水灾,淹没了乌克兰西部大约30个村庄,至少有12人死亡,8 000人无家可归。

- 11月末,欧洲境内的严寒天气造成71人死亡。

- 11月19—23日,台风多恩登陆越南中部地区,引发洪水,20万人被迫离开家园，100多人死亡。

- 12月中旬，热带风暴菲斯和吉尔在越南中部登陆，数千人被迫离开家园，至少22人死亡。

- 12月15日，龙卷风袭击南非乌姆塔塔，至少有12人死亡，162人受伤。

1999年

- 1月初，美国伊利诺伊、印第安纳、艾奥瓦、肯塔基、密歇根、明尼苏达、密苏里、内布达斯加、俄亥俄和威斯康星州受到暴风雪袭击，至少有50人死亡。

- 1月中旬，龙卷风袭击美国田纳西和阿肯色州，造成至少16人死亡。

- 2月初，菲律宾南部地区发生水灾，至少有22人死亡。

- 3月，莫桑比克伊尼扬巴内发生40年来最为严重的水灾。洪水淹没了3.95万英亩（1.6万多公顷）农田，造成32人死亡，7万人流离失所。

- 4月中旬，热浪袭击印度，至少有40人死亡。

- 5月3日，龙卷风袭击俄克拉荷马和堪萨斯南部，44人死亡，500多人受伤，1 500多所建筑被毁。

- 5月29日，旋风引发洪水袭击巴基斯坦巴丁海岸地区，5万多人无家可归，128人死亡，1 000人失踪。

- 6月、7月，洪水淹没孟加拉国1/10的土地，有13.3万英亩（5.4万公顷）农田被毁，24人死亡。

- 6月末、7月初，中国长江发生洪水，至少有240人死亡。

与此同时,印度比哈尔的2 000多所村庄受到洪水威胁,至少有125人死亡,损失达1 000多万美元。

- 7月8日,塔吉克斯坦发生两次泥石流,至少有28人死亡。

- 7月末到8月,美国中西部和东部地区遭热浪袭击,后引发干旱,至少有500人死亡,损失达10亿美元。

- 8月初,台风奥尔加登陆菲律宾。台风伴着强降雨给当地造成洪水和山体滑坡,111多人死亡,大约8万人无家可归。8月2—4日,奥尔加经过韩国,引发水灾,淹没大约8.65英亩(3.5万公顷)农田,31人死亡,21人失踪,2万人无家可归。

- 9月7日,飓风弗罗伊德形成,在9月15—17日,登陆美国东部地区,给北卡罗来纳、弗吉尼亚、宾夕法尼亚和新泽西造成水灾及其他灾害。风力最大时达到每小时160英里(257公里)。许多城镇被淹,400万人口被转移,74人死亡。

- 9月24日,台风巴特以每小时160英里(257公里)的速度袭击日本本州,至少有26人死亡。台风引起龙卷风,使丰桥镇一带350人受伤。

- 10月初,墨西哥南部海岸一线各州遭遇洪水袭击,至少有222人死亡。

- 10月末、11月初,越南发生暴风雨,雨水引发水灾,使至少488人死亡。

- 在同一时间,旋风袭击印度奥里萨,给许多村庄造成巨大损失,并引发大面积洪水。先后有9 463人死亡,8 000人失踪。

- 11月中旬,暴风雨引发法国西南部地区水灾和泥石流,至少有27人死亡。

- 12月初,越南中部地区遭遇洪水,112人死亡。

- 12月22—24日,暴雨给南非德班和派因敦造成水灾,20人死亡,数千人无家可归。

- 12月中下旬,委内瑞拉遭遇一个世纪以来最为严重的洪水灾害,洪水引发泥石流,冲毁了许多村镇,5万人死于这场灾难。

- 12月25—28日,欧洲西部两次发生风暴,至少有136人死亡。

2000年

- 1月初,印度刚吉提克平原遭遇寒流,341人死亡。

- 在同一时间,巴西东南部发生洪水和山体滑坡,至少有28人死亡,数千人无家可归。

- 1月20—23日,澳大利亚受热浪袭击,有22人死亡。

- 1月末—3月中旬,非洲南部地区遭遇40年来最严重的水灾。莫桑比克的大部分国土被洪水淹没,20万房屋被毁。2月22日,旋风艾琳以每小时162英里(260公里)的速度进入莫桑比克,遂又向马达加斯加行进。3月4、5日,热带风暴格罗里亚袭击马达加斯加。莫桑比克有492人死亡,多人失踪。马达加斯加有137人死亡,50万人无家可归。南非至少有70人死亡。在津巴布韦、纳米比亚、博茨瓦纳也有数千人无家可归。

- 4月14日,美国佐治亚州遭遇龙卷风,18人死亡,100多人受伤,受灾严重。

- 5月中旬,印度尼西亚蒂汶岛西部发生水灾,至少有140人死亡,2万人无家可归。

- 5月21日,哥伦比亚南部发生水灾和泥石流,至少有21人死亡。

- 6月中旬,连日季雨造成印度阿萨姆和阿鲁纳查尔邦发生洪水,至少有20人死亡。

- 7月初,热浪袭击欧洲东南地区,50多人死亡。

- 热浪和干旱从春季延续至夏季,给美国东南部地区造成40亿美元的损失,并有140人死亡。

- 在同一时间,干旱大风引发的大火烧毁了美国西部地区近700万英亩(280万公顷)面积的土地,损失达20亿美元。

- 7月12日,强降雨造成山体滑坡,冲毁了印度孟买附近的贫民住宅区,至少有80人死亡。

- 7月13日,中国山西发生泥石流,多座房屋被毁,至少有119人死亡。

- 7月中旬,强降雨造成印度马哈拉施特拉、古吉拉特和安得拉邦发生洪水,140人死亡。

- 7月末、8月初,强降雨使巴西东北部地区发生泥石流,至少有56人死亡,10万人被迫离开家园。

- 7月末、8月初,越南、老挝、柬埔寨湄公河三角洲地区发生40年来最严重的水灾,至少有315人死亡。

- 8月22日,热带风暴卡米尔袭击越南,14人死亡。

- 8月22—24日,印度安得拉邦发生水灾,至少有70人死亡。

- 8月23日,台风比利斯以每小时156英里(251公里)的速度袭击台湾,11人死亡,80人受伤,农作物损失达480万美元。

- 9月1日,台风玛利亚进入中国南方的广东和海南省,至少有47人死亡,损失达2.23亿美元。

- 9月和10月,连日季雨造成印度西孟加拉发洪,900多人死亡,孟加拉国有150人死亡，500万人无家可归。

- 9月10日，意大利南部发生洪水，洪水引发的泥石流冲毁了一个宿营地，造成11人死亡，4人失踪。

- 9月中旬，危地马拉发生洪水和泥石流，至少有19人死亡。

- 10月中旬，意大利和瑞士阿尔卑斯山脉地区发生洪水和山体滑坡，至少有35人死亡。

- 10月末、11月，连日季雨造成亚洲东南部地区发生洪水，在印度尼西亚有119人死亡，马来西亚51人，泰国20人。

- 11月1、2日，台风克桑萨恩以每小时90英里（145公里）的速度进入中国台湾，至少有58人死亡，31人失踪，损失达20亿美元。

- 11月3日，台风贝不卡进入菲律宾北部，给这一地区造成洪水灾害。至少有40人死亡，13人失踪。

- 12月初，坦桑尼亚北部地区发生洪水，至少有30人死亡，600人无家可归。

2001年

- 2000年12月31日—1月2日，中国内蒙古自治区受到暴风雪袭击，整个1月天寒地冻，164万人口受到不同程度的影响，至少有39人和20万头牲畜遇难。

- 1月18日，坦桑尼亚西部连日的强降雨引发山体滑坡，一个渔村中的30多所住宅被毁，至少有15人死亡或失踪。

- 1月20日—3月末，连日强降雨造成赞比亚河水泛滥，洪水影响到赞比亚、津巴布韦、马拉维、莫桑比克等国。至少有80人死亡，成千上万人离开家园。

- 1月30日，深达1.8米的降雪覆盖了伊朗西部的胡齐斯坦省。28个出门寻找食物的人失踪。
- 2月初，强降雨造成印度尼西亚西爪哇地区发生洪水和山体滑坡，至少有94人死亡。

  在同一时间，阿富汗赫拉特省一处难民营的500个难民被冻死。
- 4月，美国德克萨斯、俄克拉荷马、堪萨斯、内布拉斯加、艾奥瓦、密苏里、伊利诺伊、印第安纳、威斯康星、密歇根、俄亥俄、西弗吉尼亚和宾夕法尼亚州连续6天的雪暴和龙卷风造成至少3人死亡，损失达17亿美元。
- 5月1日，暴雨造成中国西南地区发生山体滑坡，一座9层建筑倒塌，至少有65人死亡。
- 5月6、7日，伊朗塔兹–卡莱尔发生洪水，至少有32人死亡，50人受伤。
- 5月9日，印度比哈尔发生暴风雨，17人死亡，有些人是被刮倒的树砸死的。
- 5月11日，孟加拉国发生洪水和山体滑坡，至少有31人死亡，500人受伤。
- 5月中旬，海地连降大雨，发生洪水，至少有21人死亡。
- 6月6、7日，热带风暴阿利森给美国中南部地区造成50亿美元损失。德克萨斯、路易斯安那、佛罗里达、北卡罗来纳、弗吉尼亚和宾夕法尼亚州共有38人死亡。
- 6月23、24日，台风谢比袭击中国台湾、福建两省，共有82人死亡，另有87人失踪。
- 6月27日，喀麦隆林贝发生洪水，至少有30人死亡。

- 7月初,台风乌托造成中国和菲律宾145人死亡。

- 7月15日,热带风暴造成韩国水灾和山体滑坡,至少有40人死亡,14人失踪,汉城地区3.4万多所房屋被淹。

- 7月23日,连日季雨造成巴基斯坦曼塞拉、斯瓦特和巴奈区发生洪水,数千所房屋被毁,至少150人死亡。

- 7月末,雷暴雨和洪水给波兰东南部地区造成严重损失。维斯杜拉河涨水泛滥,有26人遇难。

- 7月30日,台风托拉克在中国台湾部分地区引发洪水和山体滑坡,77人死亡,133人失踪。

- 8月1日,暴雨引发印度尼西亚尼亚斯岛发生洪水,70多人死亡,100多人失踪。

- 8月10—12日,伊朗北部地区遭遇200年以来最严重的水灾,1万人被迁移,181人死亡,168人失踪,损失达2 500万美元。

- 8月11日,泰国碧武里省发生洪水,有大约86人遇难。

- 8月末,尼泊尔发生洪水,至少有28人死亡。

- 9月16—19日,台风那尔在中国台湾地区引发洪水和泥石流,给当地造成严重损失,至少有94人遇难。

- 10月8、9日,飓风艾里斯袭击伯利兹南部地区,毁坏至少3 000所房屋,1.2万人无家可归,22人死亡。

- 10月17日,伊朗南部突降暴风雨,造成至少31人死亡。

- 11月7日,热带风暴以每小时56英里(90公里)的速度袭击菲律宾,至少有68人死亡。

- 11月9—17日,强降雨造成阿尔及利亚北部地区洪水泛滥,有750人死亡,至少1 500所房屋被毁,2.4万人无家可归。

- 12月末，连日的降雨引发巴西里约热内卢发生泥石流，至少有52人死亡，30多人失踪，2 000人被迫离开家园。

2002年

- 1月，强降雨和严寒造成毛里塔尼亚境内至少25人死亡。
- 1月末，大风以每小时124英里（200公里）的速度肆虐于欧洲北部。英国有8人死亡，德国3人，波兰4人。
- 2月，连日的强降雨使印度尼西亚爪哇发生洪水和山体滑坡，至少有150人死亡。
- 2月19日，玻利维亚拉巴斯发生了该市有史以来破坏最为严重的暴风雨。暴风雨引发洪水和泥石流，造成69人死亡，至少100人受伤，数百人流离失所。
- 5月9—15日，印度安得拉邦热浪滚滚，至少有1 030人死于高温天气。
- 6月初，尼日利亚东北部地区出现高温天气，博尔诺州迈杜古里市有60多人死亡。
- 6月初，中国西北地区发生水灾，至少有205人死亡。西安市为重灾区，两天内的降雨量就达20英寸（508毫米）。
- 6月，俄罗斯南部的斯塔夫罗波尔和克拉斯诺达尔地区与卡拉恰伊–切尔克斯共和国等地发生洪水。洪水淹没了大约70个村庄，至少有53人死亡，7.5万人无家可归。
- 6—8月中旬，连日季雨造成尼泊尔、孟加拉国和印度国内某些地区发生洪水。尼泊尔国内至少有422人死亡，数千人无家可归，印度有大约400人死亡；比哈尔和阿萨姆邦有1 500万人口被转移；孟加拉国至少有157人死亡，600万人无家可归。

- 6月4—5日，连续几周的大雨造成叙利亚西北哈镇内的泽祖恩堤坝决口，数座村庄受到洪水威胁，28人死亡。

- 7月，阿尔及利亚遭遇高温天气，温度达到133℉（56℃），为50年以来的最高温度。高温天气造成50人死亡。

- 7月，台风乍塔安在日本境内引发洪水，5人死亡。

- 7月中旬，秘鲁东南部地区遭遇寒流，至少有59人死亡。

- 7月19日，中国河南突降鸡蛋大小的冰雹，造成16人死亡，200人受伤。

- 7月21、22日，南非几省普降大雨，雨水深达3.3英尺（1米），22人死亡，建筑物损失严重。

- 8月，强降雨给中国南部地区造成洪水和山体滑坡，至少有133人死亡，1亿多人受到洪水不同程度的影响。

- 8月7日，塔吉克斯坦戈尔诺–巴达赫尚州的达什村发生泥石流，毁坏56座房屋，至少有20人死亡。

- 8月中旬，连日季雨引发了尼泊尔、印度和孟加拉国洪水泛滥，有大约900人丧生。

- 8月，欧洲中部的易北河、多瑙河和优尔塔瓦河同时涨水，奥地利、德国、罗马尼亚、俄罗斯、捷克共和国等国发生严重水灾。至少有88人死亡，成千上万人无家可归。布拉格、德累斯顿、慕尼黑、吉姆尼茨、莱比锡受洪水影响最为严重。

- 8月31日和9月1日，台风鲁萨以每小时124英里（200公里）的速度进入韩国，造成180人死亡，损失达10亿美元。

- 9月12日，强降雨引发危地马拉埃尔波尼维尼尔村泥石流，整个村庄被冲毁，26人死亡。

- 9月中旬，连日的强降雨造成法国索姆地区发生洪水，有23人死亡。

- 9月末、10月初，飓风丽利给牙买加和圣文森特造成严重损失，有7人死亡。飓风掀掉了开曼群岛上的房屋屋顶。古巴有12万人口被异地安置。后飓风又于10月2日以每小时90英里（145公里）的速度袭击了弗米连海湾西部的路易斯安纳海岸。

- 10月2日，台风希戈斯袭击日本，从东京向北移动，进入北海道。台风给所经过的地区造成严重水灾，至少有4人死亡。

- 10月26、27日，时速达90英里（145公里）的大风袭击英国和欧洲西北部地区。英国有7人死亡，法国6人死亡，德国至少10人死亡，比利时5人死亡，荷兰4人死亡，丹麦1人死亡。大风经过威尔士南部的蒙布勒斯村上空时，风速达到每小时96.6英里（155公里）。

- 11月13日，暴风雨引发印度西孟加拉邦和孟加拉国河水上涨，至少有39人死亡。

- 11月9日和11日，一场暴风雨的前锋进入美国东南部和中西部，造成近90场龙卷风，给墨西哥湾到五大湖区造成严重灾害。田纳西州有17人死亡，阿拉巴马州12人，俄亥俄州5人，密西西比和宾夕法尼亚州各1人，另有200多人受伤。

- 11月24日，摩洛哥境内的本古里河涨水，淹没了附近的贝雷希德城。涨水引发洪水，30多人死亡。

- 在同一天，津巴布韦哈拉里的居民在户外做礼拜，其中10人被突发的雷电劈死。这一地区的居民通常不在教堂里做礼拜。

- 12月4—5日,暴雪袭击美国南北卡罗来纳州,造成断电,有1 800万人的正常生活受到断电的影响,并有22人死亡。
- 12月9日,台风庞索纳以每小时150英里(250公里)的速度在太平洋上的关岛和马里亚纳群岛登陆。
- 12月末,暴雪覆盖了美国东部大部地区,降雪量达2英尺(60厘米)。由于降雪,造成数起交通事故,至少有18人死亡。
- 12月末,寒冷天气造成孟加拉国10人死亡。
- 12月28日,旋风祖以每小时220英里(350公里)的速度登陆所罗门群岛,给提克皮亚岛和阿努塔岛造成严重破坏。

2003年

- 1月,旋风阿米以每小时125英里(200公里)的速度和98英尺(30米)高的巨浪袭击了斐济,11人死亡。
- 1月,俄罗斯天气恶劣,莫斯科气温下降到−35℉(−37℃),摩尔曼斯克气温降至−54℉(−48℃),造成多处供暖设施障碍。在10月—1月9日间,恶劣的气候造成至少240人死亡。圣彼得堡芬兰湾的积雪使40多艘船只被困于港口。
- 1月末,美国大部地区受到严寒天气和大风降雪的影响。
- 2月中旬,华盛顿特区、巴尔的摩、费城、纽约市和波士顿遭遇暴风雨的袭击。暴风雨带来强降雨,在某些地区出现降雪。
- 2月19日从新英格兰到纽约,再到弗吉尼亚等美国东部地区在总统日这一天遭遇暴风雪。
- 3月18—20日,科罗拉多突降暴雪,山区的降雪深达7英尺(2米),风卷起60—70英寸(1.5—1.8米)的雪刮向博尔德和杰弗逊县。丹佛地区有200多座房屋倒塌。

- 4月21日,一场春季暴风雪袭击加利福尼亚南部地区。暴风雪造成数起交通事故,事故中至少有4人死亡。

- 4月22日午夜前,暴风雪突然袭击了印度阿萨姆邦西部的杜布里区。暴风来临时,数千座泥土和草房倒塌,政府大楼的房顶被掀翻,电线杆被刮倒,大树被连根拔起。至少有30人死亡,300人受伤,大多数人是被倒塌的房屋砸死,有的是触到刮倒的电线杆上的电线被电击死。

- 4月24日,雹暴和龙卷风袭击内布拉斯加,1人死亡。暴风彻底毁坏了4所房屋,给另外100所房屋和工厂造成不同程度的破坏。一个落在奥罗拉的大冰雹直径竟达6.6英寸(16.5厘米),仅略小于记载中美国1970年堪萨斯科林斯维尔地区那枚最大的冰雹。

- 6月、7月,季雨引发印度洪水泛滥,700多人死亡。

- 8月8日,龙卷风摧毁或破坏了佛罗里达棕榈滩县的500多座房屋。

- 8月的前两个星期,欧洲西部地区受热浪袭击,气温高达104℉(40℃)以上。高温造成西班牙、葡萄牙等地发生森林大火,有数千人死亡。

四

发现年表

大约公元前340年

● 亚里士多德于公元前340年创作《气象学》一书，这是迄今为止人类所知的最早一部讲解天气现象的作品，很可能是人类史上的第一部。书中有许多气象观察资料和对这些天气现象的解释。在这部作品中，作者首次使用了"气象"一词。亚里士多德的研究资料主要来自埃及、巴比伦和其他一些渠道。他认为天气现象是地球到月球间的土壤、大气、火和水等现象相互作用而产生的自然现象。

亚里士多德（前384—前322）为马其顿人，17岁时到雅典，师从柏拉图。在公元前347年柏拉图逝世后，亚里士多德离开雅典，到过许多地方。他曾在亚历山大十几岁时为他当家庭教师。后来亚历山大成为亚历山大一世。亚里士多德一生著述颇丰，涉及题材广泛，但成就最高的仍为科技作品。他非常强调通过观察了解大自然，并对此做了许多深入细致的研究。

公元前140—前131年

● 中国人韩婴在他的《韩诗外传》中首次以文字形式描述了雪花的六边形状。

公元前1世纪

● 由安德罗尼克·塞勒斯设计的八面风塔建在雅典，塔顶有一个风向标，代表着海神特里顿。风向标可以指向八面墙壁上的半神半人像，管理某一特定方向来风。这样，根据风塔指示的风向可知人们所期待的天气。这大概就是世界上最早的天气预报。每一面还有一台日晷，所以说风塔也是一台公共计时器。

大约公元前55年

● 柳克莱秋斯曾提出打雷是巨大云块相撞而发出的声音。他的观点无疑是错误的，但其中有一点可以肯定，那就是没有大面积云块聚集，也就无所谓打雷。

  泰特斯·柳克莱秋斯·卡勒斯（前94—前55）是罗马的哲学家和诗人。他只有一部作品留传于世——《论事物的本质》。他在为此作最后修订时去世。他用诗歌的形式解释了希腊哲学家伊壁鸠鲁（大约公元前342—前270年）的观点，认为世间万物都是由大小不一的各种原子组成的。

1世纪

● 亚历山大里亚的希罗在他的著作《气力论》一书中说,空气也是物质。他举例说,充气容器只要不漏气,就不会进水。在他那个时候人们就知道,空气是可以压缩的。但希罗还认为,空气必须是由微小颗粒组成,而颗粒与颗粒之间还要有一定的空间,这样才有可能在压缩时,颗粒相互靠近。

  有一种说法说希罗是希腊工程师,另一种说法则说他是埃及科学家。总之,他是一位才华横溢的数学家,伟大的实验者。我们还可以从他留世的作品中得知,他曾讲授过物理学。他在作品中提及过不少仪器,其中一些就是由他本人发明的。这其中包括由硬币操纵的机器和一个"发动机"。"发动机"中有一个空心圆球,里面装满水,球内有两根管子。管子弯曲,指向另一根。只要把圆球内水烧开,圆球加热,从管内散出的蒸汽就会使这台仪器快速转动。把圆周分成360度的观点最早是由希腊天文学家希帕查斯(前146—前127年为全盛时期)推介到西方的,而正是赫伦对此观点进行了宣传普及。

● 希腊哲学家特奥夫拉斯图斯(前371或前370—前288或前287)将云层细分,用"纹理"、"像羊毛一样"等词汇描述云彩。

  特奥夫拉斯图斯生于埃雷苏斯岛。他曾先后师从柏拉图和亚里士多德,在公元前323年成为亚里士多德学派的领军人物(亚里士多德学派是由其本人建立的一个学术团体)。他一生作品逾200部,涉及多门学科领域,但世人大多尊崇他为植物学的先驱。

1555年

● 奥劳斯·马格努斯在罗马出版了一本关于博物学的书籍,在书中描绘了冰晶和雪花。这是我们所知道的欧洲最早对冰晶和雪花的描述。

奥劳斯·马格努斯(1490—1557),又名奥拉夫·曼森,前者为拉丁文发音。他出生于林彻平,为瑞典牧师。1523年,他来到罗马,一段时间住在但斯克,后来到意大利与他弟弟——大主教约翰斯·马格努斯(1488—1544)住在一起。弟弟去世后,他出任瑞典大主教。他创作斯堪的那维亚半岛地图、斯堪的那维亚半岛人的历史一直为人们所接受喜欢。他在1658年翻译成英文的作品《哥特人、瑞典人和汪达尔人史》中就描述了斯堪的那维亚人和他们的国土。他的这些观点和看法在他死后多年都被欧洲人所接受。

1586年

● 西蒙·斯泰维努斯证明液体对于物体表面的压力取决于液体与物体表面的距离差和物体表面面积的大小,而与盛水容器的形状毫无关系。

西蒙·斯泰芬(1548—1620)生于布鲁日,生前是佛兰芒的数学家(斯泰维努斯为拉丁文译音)。他死于海牙或莱顿。当他还在芬兰部队服役,当军需官时,就发明了堤坝水闸系统,旨在保护低于海平面的土地。他还把小数概念引进了数学。也就是在他发现水的压力的同一年,他又做了一个著名的实验——在同一

117

高度、同一时间抛下两个重量不同的物体，而它们同时落到地面。他的这个实验通常被认为是比他年轻的同时代人伽利略所为（参见1593年）。

1591年

● 托马斯·哈里奥特提出雪花为六瓣。他没有将自己的观察结果成书出版，只是在与约翰斯·凯普勒（参见1611年）的长篇通信中进行了描述。

托马斯·哈里奥特（1560—1621）是一位英国数学家。他生于牛津，并在那里接受教育。沃尔特·罗列爵士1585—1586年在弗吉尼亚罗阿诺克考察期间，哈里奥特作为科学顾问一同前往，并于1588年在《弗吉尼亚新天地的真实报告》一书中对这一段经历作了总结。哈里奥特对天文学有着特殊的兴趣，是1611年发现太阳黑子的几个观察家之一；他还对代数的发展做出杰出贡献。

伽利略发明了用于测量温度的"测温器"（参见图3）。根据气温变化气体或膨胀或收缩的原理制造的测温器误差极大，因为气体还会随压力的变化发生或膨胀或收缩的改变。但无论怎么说，这都是人类第一个温度测量仪。在其后的10年时间里，人们一直在使用这种温度测量仪。

加利莱欧·伽利略（1564—1642）（他的家姓伽利略为世人所熟知）是迄今为止最伟大的科学家之一。他生于意大利比萨，父亲是一位数学家。父亲给他选定的专业是医学，因为那时（现在依然如此），医生的薪水远比数学家的薪水高许多。伽利略在读期间,听了一堂几何学的课程,就开始说服父亲同意他放弃医学而改学数学。

当他同时代的科学家还在观察自然现象时,他已经开始了对自然的测量。他认为任何事物的到达一定数量的积累,就会呈现数学关系,就可以用数学概念把复杂事物间的关系解释清楚。这是他对科学的一大贡献,之后他在天文学物理学的许多成就都是基于这一观点。

伽利略生命中的最后8年(从1633年起)由于宗教法庭定罪他的观点为异端邪说,他被囚禁在佛罗伦萨附近的小庄园。关于他的审判、他的案件有各种版本,但都与他的著作《世界两大体系间的对话》有关。两大体系的代表人物分别是持天地说观点的古希腊天文学家托勒密,他坚持地球是宇宙的中心;另一体系的代表人物是持地动说观点的波兰天文学家哥白尼,他认为太阳才是宇宙的中心。伽利略证明了哥白尼体系的正确性。但因为教会支持托勒密的地心说观点,所以不许伽利略在公开场合表达对哥白尼观点的支持。伽利略死于阿切特里。

1611年

● 约翰尼斯·凯普勒是《新年礼物或六角雪花》一书的作者,在书中首次对雪花进行了描写。

约翰尼斯·凯普勒(1571—1630)生于符腾堡魏尔一个军人家庭,为德国天文学家。他曾于1594年在奥地利格雷茨大学任数学教授,后因宗教迫害,1600年被迫离开,和妻子一起去了布拉格,为荷兰天文学家蒂乔·布拉厄(1546—1601)做助手。布拉厄去世后,凯普勒接手了他生前收集积累的大批观察资料。经过测量,推出他的研究结果,即行星轨道为椭圆形的,太阳运行于正中。如果用线条表现某一行星与太阳等距运行,可以看出行星在指定时间内的运行地域不变,完成一圈所用的时间与太阳的平均距离相等。这些是凯普勒关于行星运动的三大理论。凯普勒还是位著名数学家,为微积分的确立做出了贡献。他在巴伐利亚雷根斯堡逝世。

1641年

● 意大利托斯卡纳大公爵费迪南德二世发明管状温度仪。管内装满液体,一头敞开,一头粘住(请参见以下1654年、1657年)。

　　费迪南德(1610—1670)是科西莫二世之子,梅迪奇家族成员。因为政治影响力有限,没能够阻止宗教法庭对伽利略的审判,但他崇尚科学。

1643年

● 托里拆利发明了水银气压计。他为了测量大气压力,将一根4英尺(1.2米)长,且一端封闭的玻璃管充满水银,再将玻璃管倒置,把敞口一头放进水银盘中。他发现,这时水银降至30英寸(76.2厘米)处就不再继续下降。此时管子上方的空间,除了一点点的汞蒸气外,几近为真空(称为托里拆利真空)。水银是很重的液体金属,是什么样的力量使水银悬在管子内76公分高呢?管子内水银柱的一端是真空,另一端是大气压力。一根托里拆利管子就像一个跷跷板,大气压力在一端一压,真空的另一端就翘上来了。

翘上来了的高度就代表压力。后来的科学家称此为一大气压。他发现，水银降至30英寸（76.2厘米）处，正是平均海平面大气压力的高度，现在称作1 000毫巴。托里拆利还对伽利略给他的为什么水泵抽水的深度超出33英尺（10米）就抽不出水的课题进行了深入研究。托里拆利继续观察他的水银柱，他发现水银柱的高度是会改变的。当下雨或是阴天时，水银柱的高度降低，这就是低气压。在晴天或是天气比较干燥时，水银柱的高度会增加，这就是高气压。低气压的空气重量比较轻，高气压的重量比较重。因此，高气压与低气压交汇时，高气压会向下移动，进入低气压区，低气压就往上移动。低气压往上移动温度变低，较容易下雨。反之，高气压比较接近地面，温度较高，所含的水汽较少。因此，托里拆利的水银柱又称之为气压计。托里拆利还对伽利略给他的为什么水泵抽水的深度超出33英尺（10米）就抽不出水的课

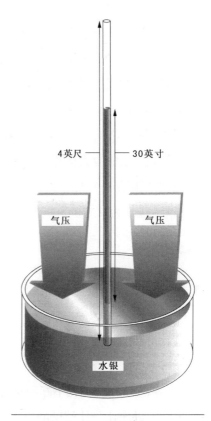

4英尺 —— 30英寸

气压　气压

水银

图6　托里拆利气压计

从这幅图可以了解气压表的工作程序。托里拆利想通过实验证明为什么抽水泵只能将水升到一定高度，就不能继续升高的原因。

题进行了深入研究。托里拆利认为,气压对水表面的压力只能使水上升到这一高度,不能更高。他对此理论用水银而非水进行了实验。后来发现,这是因为大气压力的变化,而水银柱的高度是随着天气的变化而变化的。

伊万杰利斯德·托里拆利(1608—1647)生于意大利法恩扎,在罗马学的数学。1638年,他拜读了伽利略大作,深受启发,写了一篇论文,把伽利略的观点又向前推进一步。托里拆利的导师曾是伽利略的学生,把这篇论文推荐给了伽利略。伽利略在读完之后,就力邀托里拆利前来面谈。此次晤面后,托里拆利就成了伽利略的助手,尤其是在伽利略生命最后三个月并且完全失明的情况下,全力为他提供帮助。在他发明制造气压表的过程中,还制造出第一个人工真空管,管内水银上面的空间除了些许水银气外,空气为真空。

1646年

● 法国物理学家布莱兹·帕斯卡提出空气重量随纬度使增高逐次递减的观点。他认为大气与海洋一样,向山顶攀登与从海底向海面上升是同一道理(事实上,大气没有确切表面,所以不能与海平面等同)。

帕斯卡因受消化不好和失眠困扰,无法亲自登上山证实这一假想。所以他让身体健康的姐夫弗洛林·佩里耶攀登多姆山。多姆山是一座4 806英尺(1 465米)高的死火山,离帕斯卡出生地克莱蒙费朗不远,位于奥弗涅山脉一带。佩里耶登山时,随身带着一个气压计,而将另一个留在了山底。他在山底所记录的水银温度计读数比山脚下的水银温度计的读数低3英寸（76毫米）。这个实验证明，大气压是随高度的增加而逐次递减的。这个实验取得了空前的成功，并震动了整个科学界。今天我们使用的国际单位制中的气压单位百帕（=100帕斯卡）就是根据他的名字命名的。

布莱兹·帕斯卡（1623—1662）是著名的数学家、物理学家和哲学家。在他19岁时，他就发明了能够演算加减法的计算机。人们为纪念这位计算机的先驱，以他的名字命名了帕斯卡尔计算机程序语言。他还是最早发现创立数学计算基础——概率论的先驱之一。为了纪念他对水压和气压的发现推广，人们以他的名字帕斯卡尔（Pa）（即每1平方米=1牛顿）来表示这一国际气压单位名称。在征服多姆山的当年，他重又回归天主教，越来越虔诚地信奉宗教，并对此著书立说。

1654年

● 意大利托斯卡纳大公爵费迪南德二世（参见1641年）进一步改进了他此前发明的温度计，即后来在1714年由加布里埃尔·法伦海特发明的华氏水银温度计的雏形。

1657年

● 意大利托斯卡纳大公爵费迪南德二世（参见1641年）和他的弟弟利奥波德共同在佛罗伦萨建立了实验学院。这所研究方向以天文为主的实验学院成为以后所有科学院的先驱、楷模。

还是在这一年，费迪南德制作了最早用于测量大气湿度的湿度计。他把一个漏斗放在标有刻度的罐中，将一个容器置于

图7 费迪南德气压计
容器中装满冰,水受压溢出,进入标有刻度的罐中。这是一件复制品。

之上。当容器盛满冰,受空气之压溢出,由漏斗流到标有刻度的罐中,这就是空气的温度。我们可以从费迪南发明的温度计复制品中得知温度计的工作原理。

1660年

● 罗伯特·博伊尔为《气压及其结果的物理机械实验》一书的作者。他在书中谈到空气非但可以压缩,而且具有数量。这个量是随着压力变化而变化的,即 $PV=$ 常数,恒量。这个公式中的 P 指压力,V 指容积。在英国和欧美,人们普遍称这一定理为博伊尔定理,而在法国,人们却将此归功于埃德姆·马里奥特(1620—1684),把这一定理命名为马里奥特定理。博伊尔实验的核心是他证明了空气是由个体颗粒集合而成,而颗粒与颗粒存在空间,这才可能在空气受到压力时发生收缩。这一观点最早由亚力山德里·赫伦于公元1世纪提出（参见公元1世纪）。

罗伯特·博伊尔（1627—1691）是一位爱尔兰化学家和物理学家。他出生在爱尔兰利斯莫尔城堡，为科克伯爵的第十四个孩子（第七子）。他从小聪明过人，14岁时就拜读了伽利略的作品。他为把炼丹书转变为化学做了大量的工作，并把化学从医药学中分离出来，独立形成一门学科。他参与了伦敦皇家学会的创建，并在1680年出任院长。但后因他未将承诺的付诸实施，学会解体。他还是个虔诚的教徒，撰写过不少宗教方面的文章，曾出资赞助亚洲的教会事业。

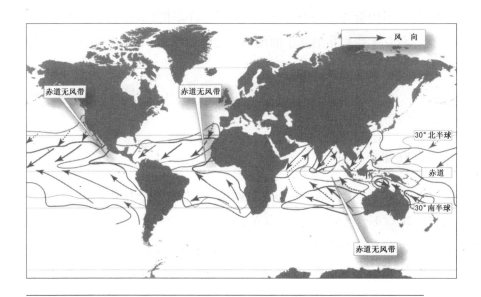

图8　信风和赤道无风带
从图中可以看出信风的方向和通常风力很小的赤道无风带的位置。

1665年

● 罗伯特·胡克为《显微图集》一书的作者。他在书中详细描述了他用显微镜观察到的雪花形状和雪花的冰晶结构。

　　罗伯特·胡克（1635—1703）是一位英国物理学家。他是那个时代最杰出的仪器发明者，并且改进了不少以前由他人发明的仪器，气压仪是他诸多发明中的一项。他通过证实气压仪内银柱的高度在暴风雨来临前有所改变，开始了气压仪预报天气的历史。他是历史上第一个将"有雨"、"大雨"、"暴风雨"、"晴朗无变化"、"非常干燥"标在仪器上的科学家。他对显微学十分感兴趣，设计了显微镜（有别于显微镜的发明）。他在《显微图集》一书中描述了雪花的形状，还画了许多精美的昆虫、鱼鳞、羽毛和有无数小孔的塞子的图画。他称这些为"细胞"。此词自他起沿用至今。

　　胡克与罗伯特·博伊尔（参见1660年）为好朋友。他生于赖特岛，死于伦敦。

1686年

● 埃德蒙·哈雷认为在赤道附近的气体热度高于其他位置的气体热度。部分气体升高，被向赤道流动的较冷的表层气体所替代。哈雷对由北半球的东北方向、南半球的东南方向刮向赤道两边信风的方向和作用做了深入研究。我们可以从书中附图中了解信风带和赤道无风带、微风带。在赤道无风带、微风带区域，帆船可因无风而长时间停止不动。赤道无风带位于南北半球信风交汇和气体上升之处。

埃德蒙·哈雷（1656—1742）为著名天文学家。他在1680年观测到"大彗星"之后，就开始测量"大彗星"和其他23颗彗星的运行轨道，计算出"大彗星"将在1758年返回。结果正如他的推论。从此，"大彗星"以他的名字命名为"哈雷彗星"。1720年，他被命名为"皇家天文学家"。事实上，他研究的领域相当广泛，远不止天文学一门。他提出的关于信风的理论已被全世界绘制地图时所采用。他还解释了高度与气压之间的关系问题。哈雷生于伦敦，1742年在英国格林尼治去世。

1687年

● 纪尧姆·阿蒙东发明新型温度计。

纪尧姆·阿蒙东（1663—1705）生于巴黎。他在十几岁时就患重度耳聋，此疾伴他大半生，但他却从不把它看做人生的绊脚石，反而将其当做能够让他心无旁骛、专心致志于钟爱的科学研究的动力。纪尧姆·阿蒙东1705年在巴黎逝世。

1688年

● 纪尧姆·阿蒙东（参见1687年）发明光学信号机。他认为光学信号机会给聋人以极大帮助，便将发明成果呈送给国王过目。光学信号机是把字母写在风车的帆上，按照传递信息来组合而成的字母，随着风车的转动显示于帆上，远处的人通过风车上的望远镜接收信息。阿蒙东认为，用这种方式，仅三四个小时就可接收到法国各地发送的信息。

1695年

● 纪尧姆·阿蒙东（参见1687年）发明气压计。他所发明的气压计
不同于以前的水银气压计，因为不用水银，所以适用于海上。因
船只随海浪而上下摆动，水银气压计中的水银也随船只的摆动而
晃动，致使气压计读数不准。阿蒙东的发明解决了这一难题。

　　在发明气压计的同一年，阿蒙东对伽利略发明的测温器（参
见1593年）进行了改进，充分考虑到管内气体的膨胀收缩，进而
调节水银的高度。他发明的温度计在准确度方面大大提高。他最
先提出测温液体是规则膨胀的，还提出"有绝对零度"的存在。

1714年

● 丹尼尔·华伦海特发明了水银温度计。实际上在他的发明问世
以前，已有酒精和酒精与水相配的温度计，但读数相当不准确，所
以参考价值大打折扣。华伦海特曾对这两种温度计做过改进，但
终因酒精沸点低，无法对高温进行测试而告失败。他所设计发明
的温度计刻度最后被冠以他的名字，也就是我们常说的华氏温度
计。华氏温度计将冰与盐的混合物的温度定为0℃，亦即最低点，
在冰点之上标出96个区间（最先为12个区间），每一区间再细分
8个分支，等同于健康人的血液温度。根据这一标准，他把纯水
的冰点定为32℉，而人体的温度定为96℉，后又把水的沸点定为
212℉。他的温度计和刻度很快为人们所接受，后人称这一温标为
华氏温标，至今还在某些国家中使用。这一温度计对于计温学是
一个很大的贡献。后来，凯尔文发明的用于科学研究的刻度又比

华氏温度计提高了一步。华伦海特把水的冰点到沸点间分成180等份,比后来摄尔修斯的100等份划分得更细、更精确。

丹尼尔·加布里埃尔·华伦海特(1686—1736)生于德国的但斯克(现为波兰的格但斯克)。1701年到阿姆斯特丹学习贸易,后对科学仪器的发明制造产生浓厚兴趣。1707年,华伦海特离开波兰,到欧洲各地与科学家和仪器制造者接触交往。1717年返回阿姆斯特丹,建立了仪器制造厂。1724年,他撰写了一篇关于制造温度计的论文,发表在《皇家学会哲学学报》上。同一年,当选皇家学会会员,1736年在海牙逝世。

1735年

● 这一年,英国气象学家哈得莱提出了大气环流模式。他认为当空气由赤道两侧上升向极地流动时,开始因地转偏向力很小,空气基本受气压梯度力影响,在北半球,由南向北流动。随着纬度的增加,地转偏向力逐渐加大,空气运动也就逐渐地向右偏转,也就是逐渐向东方偏转。在纬度30°附近,偏角达到90°,地转

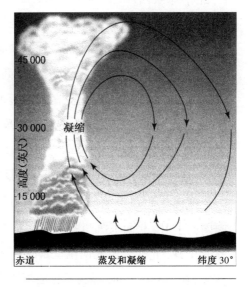

图9 哈得莱环流
气体在赤道区上升,在亚热带区下降。

偏向力与气压梯度力相当,空气运动方向与纬圈平行,空气运动方向与纬圈平行,所以在纬度30°附近上空,赤道来的气流受到阻塞而聚积,气流下沉,形成这一地区地面气压升高,就是所谓的副热带高压。

副热带高压下沉气流分为两支,一支从副热带高压向南流动,指向赤道,在地转偏向力的作用下,北半球吹东北风,南半球吹东南风,风速稳定且不大,约3—4级,这是所谓的信风(trade wind),所以在南、北纬30°之间的地带称为信风带。这一支气流补充了赤道上升气流,构成了一个闭合的环流圈,称此为哈得莱(Hadley)环流,也叫做正环流圈。此环流圈南面上升,北面下沉。

另一支从副热带高压向北流动的气流,在地转偏向力的作用下,北半球吹西风,且风速较大,这就是所谓的西风带。在北纬60°附近处,西风带遇到了由极地向南流来的冷空气,被迫沿冷空气向上面爬升,在北纬60°处出现一个副极地低压带。

副极地低压带的上升气流,到了高空又分成两股,一股向南,一股向北。向南的一股气流在副热带地区下沉,构成一个中纬度闭合圈,正好与哈得莱环流的流向相反,此环流圈北面上升、南面下沉,所以叫反环流圈,也称费雷尔(Ferrel)环流圈;向北的一股气流,从上空到达极地后冷却下沉,形成极地高压带,这股气流补偿了地面流向副极地带的气流,而且形成了一个闭合圈,此环流圈南面上升、北面下沉与哈得莱环流流向类似,因此也叫正环流。在北半球,此气流由北向南,受地转偏向力的作用,吹偏东风,在北纬60°—90°之间,形成了极地东风带。

综上所述,由于地球表面受热不均匀,引起大气层中空气压力不均衡,因此,形成地面与高空的空气环流。各环流伸屈的高度,以热带最高,中纬度次之,极地最低,这主要由于地球表面增热程度随纬度增高而降低。这种环流在地球自转偏向力的作用下,形成了赤道到北纬30°环流圈(哈得莱环流)、北纬30°—60°环流圈和北纬60°—90°环流圈,这便是著名的"三圈环流"。

乔治·哈得莱(1685—1768)早期为英国的一名律师,后成为天文学家。对物理的浓厚兴趣促使他参与并负责皇家协会天文观测的工作。他生于伦敦,在贝德福郡逝世。他的弟弟约翰发明了六分仪。

1738年

● 丹尼尔·伯努利提出在水流或气流里,如果速度小,压力就大;如果速度大,压力就小,这就是著名的"伯努利定理"。伯努利定理的应用极其广泛,其中最著名的翼型剖面原理,即机翼或直升机的水平旋翼产生一股极强的上升力。当其在飞行过程中遇到阻力时,气体或液体起着加速度作用。当飞机飞过诸如图中所示翼型剖面的上空时,流动的气体或液体同样起加速度作用。因为通过弯曲表面的流体必须超过没有遇到任何阻力的流体,就出现了加速度现象。但最终所有流体都会到达阻力的下游,压力随之减弱。遇有翼型剖面现象,表层上方的压力减弱,利用上升力,促使流体向上空流动。伯努利还对压力、温度和气体体积的相互关系作出了解释。在他之前曾有人对它们进行观察、研究,但无人能够对气体的流动作出合理解释。

丹尼尔·伯努利(1700—1782)生于荷兰格罗宁根,祖籍瑞士,家族中后来有多人成为数学家、物理学家。叔叔雅各布(有时被称为雅克)是一位几乎能与牛顿和雷布尼兹等比肩齐名的伟大的数学家。他父亲约翰虽不及叔叔,但也极为出色。他的两个哥哥、两个侄子、一个表兄和其他一些亲戚都先后成为著名数学家和物理学家。这是一个相当出色的家族。1734年丹尼尔在瑞士得到行医资格认证,同时他也在做数学研究,1725年被苏联圣彼得堡大学聘为数学教授。1733年重回到瑞士,任巴塞尔大学解剖学和生物学教授。

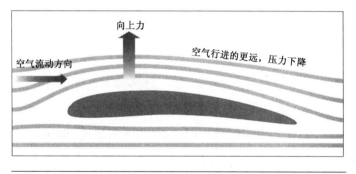

图10 伯努利定理

在水流或气流里,如果速度小,压力就大;如果速度大,压力就小。

1742年

● 安德斯·摄尔修斯在总结前人经验的基础上,于1742年创立了摄氏温标。这是摄尔修斯对于热学所做出的不可磨灭的贡献。同年,他发表了论文《温度计中两个不动刻度的观察》。他把水银温度计插入正在溶解的雪中,定冰点为一个标准温度差。然后把温度计插入沸腾的水中,定沸点为另一个标准温度差。用水银做测温物质,以水的沸点为0℃,凝固点为100℃,其间为一百个等分。所以摄氏温度又叫做百分温标。到1750年,摄尔修斯接受了同事施特默尔的建议,把两个定点对调过来,凝固点为0℃,沸点为100℃。虽然目前一些英语国家仍在使用华氏温标,但是全球科学家一般使用摄氏温标或开氏温标。(1 K=1 ℃)

摄尔修斯(1701—1744)是天文学家。他出生于乌普萨拉,并在那里接受了完整的教育。摄尔修斯的父亲是乌普萨拉大学的一位天文学教授。1703年摄尔修斯接替了父亲的职位,同样成了这一大学的教授。在大学里,摄尔修斯和他的同事们对北极光进行了深入的研究。摄尔修斯和他的助手奥洛夫·海尔特,一起发现了极光现象其实属于磁性现象。摄尔修斯是世界上最早试图测量恒星等的科学家之一。也正是在他的努力之下,瑞典政府投资赞助了一家国有天文台——摄尔修斯天文台。这家天文台从1741年正式开始运营,摄尔修斯被任命为第一任台长。1744年他在乌普萨拉逝世。

1752年

● 本杰明·富兰克林一生所做的最重要的一个实验就是用在天空中飞翔的风筝证明暴风雨云带电,而闪电即是电火花。富兰克林决心用事实来证明一切。1752年6月的一天,阴云密布,电闪雷鸣,一场暴风雨就要来临了。富兰克林和他的儿子威廉一道,带着上面装有一个金属杆的风筝来到一个空旷地带。富兰克林高举起风筝,他的儿子则拉着风筝线飞跑。由于风大,风筝很快就被放上高空。刹那,雷电交加,大雨倾盆。富兰克林和他的儿子一道拉着风筝线，父子俩焦急地期待着，此时，刚好一道闪电从风筝上掠过，富兰克林用手靠近风筝上的铁丝，立即掠过一种恐怖的麻木感。他抑制不住内心的激动，大声呼喊："威廉，我被电击了！"随后，他又将风筝线上的电引入莱顿瓶中。回到家里以后，富兰克林用雷电进行了各种电学实验，证明了天上的雷电与人工摩擦产生的电具有完全相同的性质。富兰克林关于天上和人间的电是同一种东西的假说，在他自己的这次实验中得到了证实。风筝实验的成功使富兰克林在全世界科学界的名声大振。英国皇家学会给他颁发了金质奖章，聘请他担任皇家学会的会员。他的科学著作被译成了多种语言，电学研究取得了初步的胜利。然而，在荣誉和胜利面前，富兰克林没有停止对电学的进一步研究。1753年，俄国著名电学家利赫曼为了验证富兰克林的实验，不幸被雷电击死，这是做电实验的第一个牺牲者。血的代价，使许多人对雷电试验产生了戒心和恐惧。但富兰克林在死亡的威胁面前没有退缩，经过多次试验，他制成了一根实用的避雷针。他把几米长的铁杆，用绝缘材料固定在屋顶，杆上紧拴着一根粗导线，一直通到地里。当雷电袭击房子的时候，它就沿着金属杆通过导线直达大地，房屋建筑完好无损。1754年，避雷针开始应用，但有些人认为这是个不祥的东西，违反天意会带来旱灾，就在夜里偷偷地把避雷针拆了。然而，科学终于战胜愚昧。一场挟有雷电的狂风过后，大教堂着火了，而装有避雷针的高层房屋却平安无事。事实教育了人们，使人们相信了科学。避雷针相继传到英国、德国、法国，最后普及到世界各地。

富兰克林对科学的贡献不仅在静电学方面，他的研究范围极其广泛。在数学方面,他创造了8次和16次幻方,这两种幻方性质特殊,变化复杂,至今尚为学者称道;在热学中,他改良了取暖的炉子,可以节省3/4燃料,被称为"富兰克林炉";在光学方面,他发明了老年人用的双焦距眼镜,戴上这种眼镜既可以看清近处的东西,也可看清远处的东西。他和剑桥大学的哈特莱共同利用醚的蒸发得到—25℃的低温,创造了蒸发制冷的理论。此外,他对气象、地质、声学及海洋航行等方面都有研究,并取得了不少成就。富兰克林还测算出了穿越北美的暴风雨的轨迹,同时还是研究大西洋暖流——墨西哥湾流的第一人。

本杰明·富兰克林(1706—1790)生于美国波士顿。在美国,人们习惯把他当做著名的建国先驱之一。而在欧洲,人民更把他看做是科学家和政治哲学家,但他最突出的贡献仍然是电。1776年,他作为代表新成立的美利坚合众国被派往法国。由于出色的才能,广受法国人的爱戴。法国知识界把他尊崇为自由和开明的象征。在他一生中,他出任过多种职业,赢得许多荣誉。1790年,他在费城逝世。

1761年

● 约瑟夫·布莱克通过实验证明,冰在溶解时吸收能量,但本身的温度并不升高。他从未将他的发明成果著书出版,但却收进自1761年起在格拉斯哥大学授课的讲义中。1762年,他把研究成果汇报给格拉斯哥文学院,又与助手威廉姆·欧文(1743—1787)在1760年共同测量了液体蒸发和收缩时所吸收和释放的热量。布莱克在实验后得出结论,热量的数量与热的强度为两个概念,而温度计所测的也只是热的强度。水由一种状态转变为另一种状态,比如由冰转变成水,再由水转变成蒸汽,其所吸收和释放的热一定存在于物质内部,而这又是人肉眼所看不到的。他将之称为"潜在热能"。潜在热能在云的形成和雷暴雨云的活动中起着不可小觑的作用。

约瑟夫·布莱克(1728—1799)是苏格兰物理学家、化学家和医生。他出生在法国波尔多一个酒商家庭。他先在贝尔法斯特就学,后在格拉斯哥大学研习医学和自然科学,1751年,转学至爱丁堡大学继续学医。他在1754年的博士论文中描述了加热的镁碳酸盐如何释放出一种气体,并对其重量进行了测量。他在1756年发表了《镁碳酸盐、氧化镁和其他碱性物质的实验》。他通过实验证明,碳酸盐加热之后释放这种气体,含碱量增加。但如果吸收了这种气体,含碱量就会减少。他称这种气体为"固定气体"。

比利时化学家、炼金术士简·巴普斯蒂塔·凡·黑尔蒙特(1577—1644)早在17世纪时就发现了这种气体的存在,他称这种气体为"气体木头",因为他是在燃烧木炭时发现的这种气体。现在人们通常将其称作二氧化碳。还有人认为"气体"一词由黑尔蒙特首创。

1756年,布莱克被任命为格拉斯哥大学化学讲师、解剖学教授,后任爱丁堡大学化学教授。他于1799年在爱丁堡逝世。

1767年

● 霍勒斯·贝尼笛克特·索绪尔发明了太阳能收集器。太阳能收集器为盒式器皿,四面绝缘,顶部为玻璃面。透过玻璃,可以清楚地看到里面的温度仪。索绪尔利用这台仪器测试为什么山顶的气温低于山底的温度。索绪尔把这台仪器放在当时气温为43℉(6℃)的山顶。他随即对离山顶4 852英尺(1 480米)的山底温度进行了测试,结果为77℉(25℃)。这个温度与盒内温度计所示读数完全一致。通过实验,他得出结论,阳光在任何高度的温度都是一样的,但因高山上空气稀薄,无法吸收足够的阳光热量。

霍勒斯·贝尼笛克特·索绪尔(1740—1799)为瑞士物理学家,生于日内瓦。1762—1786年期间,在日内瓦大学任教。他对植物学有浓厚的兴趣,专注于高山植物的采集研究,1779年发表了《阿尔卑斯山之行》。1762年,他被任命为日内瓦科学院的哲学教授(当时的哲学就是我们现在所说的科学)。1772年,入选伦敦皇家协会,后建立日内瓦艺术促进协会。他1787年从教授岗位退休,搬到了法国。在法国,他可以按照自己的意愿住在海边,继续观察大气压力。1793年由于经济压力,他离开法国回到日内瓦。汤姆斯·杰弗逊了解索绪尔的困境后,力邀他到美国夏洛茨维尔大学任教。但因身体状况太差,未能成行,于1799年在家乡去世。

1783年

● 霍勒斯·贝尼笛克特·索绪尔(参见1767年)发明了沿用至今的毛发湿度计。瑞士科学家索绪尔十分注意湿度计的研究进展情况。因为他是一位地质学家,长期研究阿尔卑斯山及其冰川的形成。在这一研究领域,湿度是一个主要的研究项目。如果有了理想的湿度计,可以大大提高地质研究的效率,还可以保证科学研究成果的正确性。索绪尔决意试制湿度计。他首先查阅了有关湿度计研究方面的文章,发现除布兰德用绳子制湿度计之外,还有人用燕麦芒或羊肠线来制造湿度计。可是,这些湿度计都不理想。

要制成理想的湿度计,必须找到理想的材料。索绪尔很快就确定了主攻方向。他收集了大量材料。只要看到的或者想到的,他都要找来。很快,他的研究室里堆满了各种材料。索绪尔先在几种材料上洒水,然后测量它们的长度,并做记录。之后,把它们放在太阳光下晒。待晒干后,再测量它们的长度。这样,比较一种材料在潮湿时和干燥时的长度差异,就可以看出这种材料对于潮湿变化的敏感度。几种材料检测后,再换上新的材料。索绪尔夜以继日地工作,但是,将所有收集到的材料都检测了,仍没有找到合适的材料。

由于过度疲劳,索绪尔身体不佳,但仍然在实验室工作。1775年的一天,索绪尔的妻子来到实验室看望丈夫,劝他休息几天再干,还提醒他说:"你的头发也够长了,该去理一理了。""头发?"索绪尔像想起了什么似的,眼睛直盯着妻子的秀发。"我的头发怎么了?"妻子不解地问。"不,你的头发很漂亮。也许,它还能帮我的忙。"索绪尔说着,用剪刀剪下妻子的几根头发,马上对头发的干湿变化进行研究。他惊奇地发现,头发在受潮时伸长,干燥时缩短,这种长度变化可达 1/40 左右。索绪尔激动万分。

由此,索绪尔发明了毛发湿度计:它的下端由螺丝夹住,上端则夹在一个圆筒上,毛发的伸缩会使圆筒旋转,从而带动一个指针转动。这个仪器测出，随着湿度由1%升至100%，去除了一切油分的人体毛发的长度增加2.5%。毛发湿度计不大（为省空间，可以把发丝绕在仪器的芯上），传动装置也很简单，表面转盘上有一指示针转动，指示准确的湿度读数，生产成本也很低。如图所示，在最初的、工艺简单的湿度计内，一根长发的一头固定住，另外一头绕在带有指针的旋转轮上，旋转轮四周是标有刻度的环。空气潮湿，发丝伸张，空气干燥，发丝则收缩，随着空气湿度变化，发丝转动轮子，也就带动了指针。这种毛发湿度计在索绪尔的地质研究工作中立下了汗马功劳。

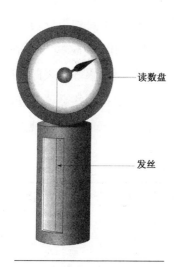

读数盘

发丝

图11 毛发湿度计
从这幅图可以知道毛发湿度计的工作原理。下端固定住，上端则夹在一个圆筒上，毛发的伸缩会使圆筒旋转，从而带动一个指针转动。

图12 气象屋
这实际上就是一台毛发湿度计。温度降低，就会有相应的人显现出来；湿度上升，又会有另外的人物显现。

图中显示的"气象屋"曾是非常受人喜欢的装饰品,许多都是由当地手工艺人做成后卖给旅游者的。气象屋有两个门,每个门口一个人,通常是一男一女。所以,当其中一人向前移动,出了自己的房屋,另外一个就会后退,退进自己的房屋里。当其中一个"出了房屋",就代表天气晴好;若是另外一个"出了房屋",则说明天气潮湿。这个仪器就是毛发湿度计。绕在枢轴支点上的发丝牵动着小人。

1803年

● 卢克·霍华德提出将云归为三种和几种从属类别的理论,并给每种和每类用拉丁文命名。按照他的分类方法,主要种类分别为层云、积云和卷云。第四种为制造雹、雨、雷的雨云。这些"原始归类"后来都得到修正补充。分散的云组成的层云飘散开来即为层积云,而卷云也可能变成卷积云或卷层云。他在一些会议上宣读的论文《论云层之变化》一文中,阐述了他关于云层分类的观点。

云层名称简化表

云 层 名 称	云层的缩写	云 层 名 称	云层的缩写
高积云	Ac	积雨云	Cb
高层云	As	积 云	Cu
卷层云	Cc	雨 云	Ns
卷积云	Cs	层积云	Sc
卷 云	Ci	层 云	St

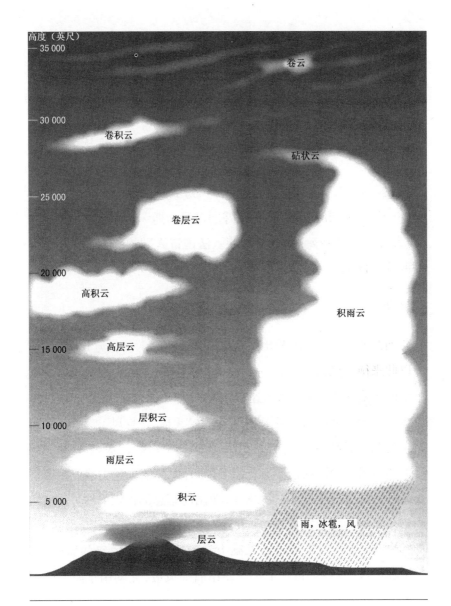

高度（英尺）

35 000

卷云

30 000

卷积云

砧状云

25 000

卷层云

20 000

高积云

积雨云

15 000

高层云

10 000

层积云

雨层云

5 000

积云

雨，冰雹，风

层云

图 13 云的类型

图中显示出每类云的大致形状和各类云形成的高度。

霍华德的云层分类的观点为以后的云层分类奠定了基础。目前的云层分类将云层分为10类、14种和9支。从图中可看出类别和被发现的最高位置。

卢克·霍华德（1772—1864）生于伦敦。他学习的专业为制药，却在后来成了一名非常成功的药品制造商。他从不曾做过职业科学家，但他的云层分析理论引起社会广泛关注，使他一夜成名。后来，他的声誉持续高涨。到了1813年，收录了他所有关于气象的研究文章、由他的好朋友汤姆斯·福斯特整理出版的《大气现象研究》一书正式出版。法国诗人歌德曾为霍华德作诗四首。1864年，霍华德在伦敦逝世。

1806年

● 弗朗西斯·蒲福将军提出按照风力大小将海上的风力分为13级，以此来衡量风力大小的一种方法。他将风速在1海里／小时的以下的风定为"0"级，将风速在65海里／小时以上的风定为"12"级。由0级到12级风的名称，依次为"无风"、"软风"、"微风"、"和风"、"清劲风"、"强风"、"疾风"、"大风"、"狂风"、"暴风"、"飓风"。上述风级为国际航运界所普遍采用，并以此定出各类战舰在哪级风时可以航行的标准。1838年，英国海军总部正式采纳了蒲福将军提出的风力标准，该标准于1874年被国际气象委员会所接受。1955年，美国气象局在此基础上又增加了13—17级的标识，飓风等风级。目前，世界上仍然使用蒲福风级，尤其用于海上风力测定。

弗朗西斯·蒲福（1774—1857）出生于爱尔兰米思县。他于1789年加入东印度公司，仅仅一年时间，就离开了这家公司，参加了皇家海军，当了一名船舱服务员。这一年，他刚满16岁。在他22岁时，成为一名舰艇上的值班军官，并在1805年，接受了第一项任命。这时候，他成为一名专门研究海图、海岸线、河道和海底的水文地理学家。他在1812年负伤之前，对海岸线、河道和海底做过几次调查，而在他负伤之后就再也不曾出过海。1829年，他被任命为海军水文地理学家，1848年受封爵士，1855年在海军少将的位置上退休。这时，他已在皇家海军中服役整68年。

1817年

- 卢克·霍华德（参见1803年）将他的一系列讲座汇编为一本《气象学七讲》。这是第一本气象学的教科书。

1818年

- 卢克·霍华德（参见1803年）出版两卷本《伦敦气候》（第二卷于1819年出版）。他又于1833年在对原版重新补充修订后，出版了再版三卷本。这是人类历史上第一部关于城市气候的著作，书中首次使用"热岛"一词，专指温度高于周边乡村的城市区域。

1820年

- 约翰·丹尼尔为英国化学家、物理学家和气象学家。他于1820年在《科学季刊》上撰文，专门介绍了他所发明的露点湿度计。露点湿度计可直接测量露点湿度。另一种方法是用干球温度计和湿球温度计两种不同的温度计分别测出不同的读数（露点低气压），记录下露点温度。丹尼尔发明的湿度计正像图中所示，用一根管子连接两个薄薄的玻璃球。一个球体内只装有空气，另一个装有乙醚和一支温度计。当只装有空气的球体内部温度发生变化，这个变化就会影响到另一个球体，乙醚就会发生或蒸发或冷凝的改变，不为肉眼所看到的热度的蒸发或者冷凝，或者加热玻璃，球体外的大气水汽就会冷凝或蒸发。温度计上显示的冷凝和蒸发的平均数值即为露点温度。

　　现代露点湿度计内装有一个温度计和一个由电冷却的镜子，尔后，用传感器监测由镜子所反射的光。因为水球散射光的缘故，所以，当水蒸气在镜面上冷凝，变化就被观察并记录下来。冷却电路关闭，加热电路开启。而一当水珠蒸发，电路又随之变化。经过几次的反复测量后，就会得出一个稳定的露点温度，并在湿度计上显示出来。

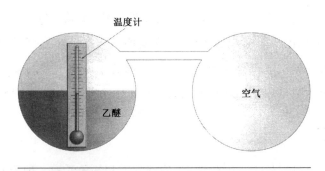

温度计

乙醚

空气

图14　丹尼尔湿度计
当装有空气的玻璃球内温度发生变化，另一球内的温度也会发生或蒸发或收缩的变化，释出由肉眼观察不到的热量，改变玻璃球内的温度，水蒸气就会在球内收缩或释出。这时的平均温度就是露点温度。

约翰·福雷德贝克·丹尼尔（1790—1845）生于伦敦。他是那个时代最著名的科学家之一，一生有过许多的发明。年轻时，他曾在亲戚开的炼糖厂和树脂厂工作，1817年，在大陆燃油公司做了一年时间的经理。在这期间，发明了从树脂中提炼燃油的方法。1813年23岁时，被聘为爱丁堡大学物理学教授。1823年，入选皇家协会。1831年，成为他所创建的伦敦国王学院的首位化学教授。1823年出版了《气象论文集》，收录了他在气象方面的进展、成果。1845年他在伦敦参加皇家协会理事会议时逝世。

1824年

● 约翰·丹尼尔（参见1820年）发表了论文《论人工气候在园艺学上的应用》，文中阐述了种植家养热带植物要保证空气湿润的重要性。

1827年

● 让·巴蒂斯特·约瑟夫·傅立叶在这一年发表了一篇论文，文中就空气中化学组成物质在自然温度下的状态，与对内衬有密封软木塞和玻璃盖的大碗，进行加热时内有空气发生的状态变化进行了比较。这大概就是有关"温室效应"的最早的文字记载。

让·巴蒂斯特·约瑟夫·傅立叶（1768—1830）是一位法国数学家，最杰出的贡献就在于他提出了偏微分方程的概念。此概念一经提出，就成为科学工作中的重要工具。他出生于法国中部奥塞尔地区。父亲是位裁缝,在他仅 8 岁时就去世了。他从小的愿望是参军,终于在 1798 年参加了拿破仑驻扎在埃及的军队。为了奖励他在数学方面的发现,拿破仑封他为男爵。拿破仑战败,波旁王朝复辟之后,他仍受到尊重,并于 1822 年成为科学院成员。1830 年,他在埃及患病逝世。

1830 年

- 约翰·丹尼尔(参见 1820 年)在巴黎皇家协会大厅内摆放了一个气压计,同时进行气象观察。

1835 年

- 加斯帕尔·居斯塔夫·科里奥利发现,所有在地球表面移动的物体(不仅是空气和水),只要没有和地球有任何实际性的连接,都会在惯性作用下向其运动的方向向右偏离。这一现象被称为"科里奥利效应"。科里奥利效应来自物体运动所具有的惯性,在旋转体系中进行运动的质点,由于惯性的作用,有沿着原有运动方向继续运动的趋势。但是由于体系本身是旋转的,在经过了一些时间的运动之后,体系中质点的位置会有所变化。而原有的运动趋势方向,如果从旋转体系的视角去观察,就会发生一定程度的偏离。

  由科里奥利效应的计算公式不难看出,在北半球大气流动会向右偏移,南半球大气流动会向左偏移。在科里奥利效应、大气压差和地表摩擦力的共同作用下,本来正南正北的大气流动变成东北—西南或东南—西北向的大气流动。

图15 科里奥利效应
北半球大气流动向右偏,南半球大气流动向左偏。

加斯帕尔·居斯塔夫·科里奥利(1792—1843)生于巴黎,先在专门培养政府官员的艾科尔专科学院学习,后改学高速公路工程管理。因身体原因,他无法实现当工程师的愿望。父亲去世后,他承担起养家的责任。1816年,他当了名家庭教师,后来又在艾科尔专科学院做数学分析助理教授。1838年被任命为学科主任。1829—1836年,在艾科尔艺术制作中心任数学教授。于1834年在巴黎逝世。

1840年

● 让·路易斯·鲁道夫·阿加西发表《冰川之研究》,书中收集整理了他1836年和1837年的研究成果。他在观察研究中发现，高山冰川并非静止不动，而恰恰相反是流动的。他从这一点和远离岩石形成区的漂砾中得出结论，冰川是移动的，移动的冰川把漂砾带到了目前的位置。他还认为，在历史上，也就是"大冰川时代"，瑞士和北欧大陆曾经是在一片硕大的冰层下，如同现在格陵兰岛上的冰块。他后来在苏格兰和北美的许多地方找到足以证明他的理论成立的佐证，证明"冰川时代"曾经极大地影响着北半球的所有地区。尽管许多科学家在很长一段时间内对此观点持怀疑态度，但这至少是人类首次用采集到的标本证据来说明在并不遥远的过去，气候与现在的气候极不相同。这至少说明气候是变化的，而事实上气候确实在变化。

　　阿加西（1807—1873）出生于瑞典莫拉特湖岸城市，父亲是当地的一名牧师。在母亲教他学习自然史知识的过程中，他开始喜欢植物和动物。他曾先后在比安、洛桑、苏黎世、海德堡和慕尼黑大学学习，在西德埃尔兰根获哲学博士学位，在慕尼黑大学获医学博士学位。1826年，因为一位巴西科学家逝世，他所从事的关于鱼的分类的工作搁浅。阿加西接手了这份工作。后来，他成为欧洲鱼类的权威。在此基础上，他又开始鱼类化石的研究，取得突破性进展，成为本领域世界级专家。1832年，他先赴法国学习，后又转到瑞士纳沙特尔学习。1832年，他在两位顶级科学家亚历山大·凡·法堡和乔治·居维叶的帮助下，成为纳沙特尔大学自然史教授。他在这个岗位上干了整整12年。

　　在1836年到阿尔卑斯山旅游期间，他和朋友在山上搭了一座小屋。而在12年后故地重游时，他发现小屋移动了1.6公里。他又在冰川周边立了一排直直的木桩,两年后,发现这些木桩移动成了U字形形状。这一实验表明,冰川中心的冰移动的速度快于冰川周边的冰。冰川外围的冰由于和岩石接触,移动速度减缓。

1846年,阿加西应邀到美国查尔斯顿的波士顿洛维尔学院和其他几个城市讲学。他的讲学受到各地的热烈欢迎,之后就留在了美国。他于1848年出任美国哈佛大学动物学教授,并加入了美国国籍。

有人说路易斯·阿加西是曾在美国工作过的最出色的自然学教师。他把全部心血倾注于学生身上,与学生的关系就如同与同事相交,他强调学习自然科学就要首先研究自然,其后才是向书本学习。他对于鱼化石的研究对后来达尔文的科学研究起到很大帮助。但他本人却因和达尔文观点上的分歧,一直不能理解达尔文。

阿加西于1873年在马萨诸塞的坎布里奇逝世,葬在奥本山下,墓旁埋放着一块从瑞士阿尔冰川采到的一块巨砾。1915年,阿加西作为杰出美国人被推举入名人堂。

1842年

● 马修·莫里为美国海军天文台和水文工作站首席主任。他组织收集了商贸船所经历狂风巨浪的资料,并对此进行仔细分析,从中发现了风暴的规律。他还绘制了墨西哥湾流向图。他的研究促使各国1853年在布鲁塞尔召开了国际气象学大会。

马修·方丹·莫里(1806—1873)出生于弗克尼亚。虽然他是一名海军军官,但他乘坐公共马车遭遇车祸受伤所留下的残疾伴他终生，腿部的残疾使他无法参加海军的许多活动。1841年，他被任命为海军仓库负责人。到他1861年离开这个岗位时，他已把这里变成了海军天文台和水文工作台。

美国内战期间，马修支持南部邦联。在邦联脱离联邦后，他也于1861年4月20日辞去海军任职，随后加入邦联海军，被任命为海军司令。战后，他在墨西哥和英国居住了一段时间。1868年，开始在弗古尼亚军政学院讲授气象学。1873年，在弗吉尼亚列克星敦逝世。位于马里兰安纳波利斯的海军科学院建有莫里纪念碑。1930年，他作为杰出美国人被推举进入名人堂。

- C·J·D·多普勒于1842年首先提出多普勒效应这一理论。这一理论证明了当振动着的波源逐渐靠近观测者时，测量到的频率比从波源发出的频率高。当波源离去时，测量到的频率则低于发生频率。在日常生活中，我们都会有这种经历：当一列鸣着汽笛的火车经过观察者时，他会发现火车汽笛的声调由高变低。这是因为声调的高低是由声波振动频率的不同决定的，如果频率高，声调听起来就高，反之声调听起来就低。多普勒效应不仅适用于声波，也适用于所有类型的波形，包括光波。光波与声波的不同之处在于光波频率的变化使人感觉到是颜色的变化。如果恒星远离我们而去，则光的谱线就向红光方向移动，称为红移；如果恒星朝向我们运动，光的谱线就向蓝光方向移动，称之为蓝移。

克里斯琴·约翰·多普勒（1803—1853）生于奥地利萨尔茨堡。他曾在维也纳工学院学习数学，毕业后又回到萨尔茨堡修读哲学，然后又到维也纳大学学习高等数学、天文学和力学。毕业后，多普勒留在维也纳大学当了4年教授助理，然后到布拉格一所技术中学任教，同时任布拉格理工学院兼职讲师。1841年，正式成为理工学院数学教授。著名的多普勒效应首次出现于1842年发表的一篇论文中。1850年，他被任命为维也纳大学物理学院第一任院长。3年后在维也纳逝世。

1844年

● 世界上首条电报线路铺设于巴尔的摩到华盛顿之间，整个工程是美国议会在很不情愿的情况下耗资3万美元修建的。塞缪尔·莫尔斯宣布他发明了莫尔斯电码，而电码必须要用电线来进行传输。传输的首条信号为"上帝带来了什么？"很快，许多国家建起了电报网络，用于收集各地在同一时间内的天气观察资料。而在此之前，天气资料都是靠马匹传送的。

　　塞缪尔·芬制·布里斯·莫尔斯（1791—1872）生于马萨诸塞州查尔斯顿的一个牧师、地理学家的家庭。他早年是一名艺术家，曾在耶鲁大学专修美术。1810年在耶鲁毕业后，就劝说父母让他到英国专攻历史画。4年后返回美国，成为当时著名画家和历史绘画方面公认的一流画家。1826—1845年间，他参与了国家设计学院的建立，并被推举为首届院长。他还在纽约城市大学教美术。塞缪尔·莫尔斯为著名人士，但这并没有带给他滚滚财源。为了纪念他，人们将他发明的二进制电码以他的名字命名为莫尔斯电码。在此巨大成功之后，他就卷入了漫长而激烈的该发明的归属权之争之中。最终，他赢得了专利。1872年，他在纽约逝世。1900年他作为杰出美国人被推举进入名人堂。

1846年

● 约瑟夫·亨利为史密斯索尼安学院的首任院长。他充分利用学院资源收集了美国全国的气象资料。后来美国气象局就是根据他所创立的体系发展起来的。

约瑟夫·亨利（1797—1878）是他所处的时代的美国最著名的物理学家，1885年，他先于莫尔斯（参见1844年）发明了电报，但却未能申请到专利。即便如此，他还是无私地为莫尔斯提供帮助。

他出生于纽约奥尔巴尼一个贫穷家庭，13岁辍学，跟随一个钟表匠学艺。在阅读了大量科技方面的图书后，他又重新进入奥尔巴尼科学院进行系统学习。与此同时，他还给人做家教，用教课的钱付学费。1826年，他毕业留校，在奥尔巴尼学院讲授数学和自然学科。1832年被任命为现在普林斯顿大学的前身新泽西学院教授。作为电磁学专家，他于1832年发现了电感应。这个电感单位在1893年芝加哥电学家大会上以他的名字命名为亨利。1878年，他在华盛顿逝世。

1850年

● 马修·莫里（参见1842年）绘制了北大西洋海事图。

1851年

● 世界第一部气象图在伦敦展上亮相。气象图中的读数是根据由分布在各地的气象台站在同一时间采集到的资料分析整理而成。气象图中的"气象"——synoptic是拉丁词汇,由意为合成的syn和可视opsis组成。涵盖大面积地区的气象的图表就叫做气象图。图16为北大西洋地区4月很典型的一天的气象图。

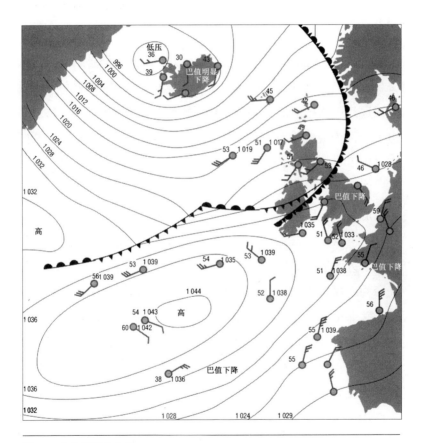

图16 北大西洋天气图
等压线用毫巴标出;高压和低压中心在图中标出;环形代表气象台站,并标出气压,如1 035;地面气温用华氏度标明;风向风力用符号表示(尾状形表风向,须形表风力)。

1853年

● 这一年,在比利时布鲁塞尔举行召开了气象和海洋学大会。马修·莫里(参见1842年)组织召开,并以美国代表身份参加大会。

1855年

● 于尔班·让·约瑟夫·莱弗里埃开始监管整个欧洲各国各地区天文台采集气象资料网络的建设工作。网络建成之后,莱弗里埃就每天通过网络把船艇、海岸等地观测到的北大西洋气象资料发布出去。因为观察站点分布很广,分布地域也不均匀,所以编制图表时用了一些猜测来填补空白。

　　于尔班·让·约瑟夫·莱弗里埃(1811—1877)生于法国诺曼底圣洛地区。他曾在卡昂学院和圣路易斯学院就读,在数学方面颇有建树。之后,进入巴黎科技大学。他是一位化学家,但在天文方面造诣颇深。后来在巴黎科技大学任教。1849年,他被任命为索邦天体力学教授。1845年起任巴黎天文台台长。

　　莱弗里埃一生热爱天文学,有许多重要发现。1846年入选巴黎科学院。就在这一年中,他由对天王星运动规律的研究推导出一颗天王星轨道之外、以前未知的行星的存在。莱弗里埃给他在柏林天文台的朋友约翰·戈特弗莱德·加尔写信,让他仔细观测天空中的某一位置。9月23日,也就是在按照莱弗里埃的提议进行观测的第一个夜晚,就在他所说的位置很近的地方观测到了那颗行星。一些法国天文学家建议以他的名字命名这颗行星,但他却将这颗行星取名为"海王星"。他在1837年入选皇家科学院,于1877年在巴黎逝世。

1856年

● 1856年，美国威廉姆·费雷尔将科里奥利效应引入大气运动的研究之中，提出中纬度的逆环流。他首先提出刮向赤道的低纬度风并不是由于地球的转动而转变风向，而是由于涡度的作用，流动的空气围绕自己的轴旋转的程度。他由此推导出大气环流的数学模式，又于1860年和1889年两次对此模式进行修改。1857年，费雷尔在这个理论的基础上提出白·贝罗法则。这个法则的提出先于白·贝罗的发现几个月时间。弗雷尔一生写过很多气象学方面的书。

威廉姆·费雷尔（1817—1891）为美国气候学家。他生于宾夕法尼亚贝德福德镇，曾在马萨尔学院和贝萨尼学院学习，1857年开始在马萨诸塞坎布里奇《美国天文航海年鉴》办公室工作。1867—1882年间，在美国海岸测量部工作，期间还在美国信号部队服役，任教授，后迁往密苏里坎萨斯市。他在预测海浪仪的设计完成之后，才从海岸测量部退休。这一机械装置是通过杠杆和滑轮的作用，测量海浪的时间和高度。这项工作始于1881年，一年内完成。这台测量仪一直到1991年被电子计算机取代，才最终退出历史舞台。威廉姆·费雷尔退休后生活在坎萨斯梅伍德，一直到1891年去世。

1857年

● 克里斯托夫·亨德里克·迪德里克斯·白·贝罗发现北半球的风

在低压区域是逆时针方向,而在高压区域则是顺时针方向,正如图中所示。同理,如果你在北半球背对风站立,低气压区一定在你左边,高气压区在右边。在南半球,情况正好相反。这就是著名的白·贝罗法则。白·贝罗通过观测得出这一结论。但他不知道,早在几个月前,美国气象学家威廉姆·费雷尔(参见1856年)就对此在理论上进行了推导。尽管他后来知道了这一点,但这一定理始终以他的名字命名。

克里斯托夫·亨德里克·迪德里克斯·白·贝罗(1817—1890)为荷兰气象学家。他出生于泽兰,1847年起任乌得勒尔大学数学教授。1845年参与建立荷兰皇家天文学院,并任首任院长,直到1890年去世。

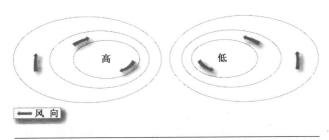

图17 克里斯托夫·亨德里克·迪德里克斯·白·贝罗法则
如果在北半球背对风站立,低气压区一定在你左边,高气压区在右边。在南半球,情况正好相反。

1861年

- 英国贸易部气象局于1861年2月6日首次发布海岸风暴预警信号,7月31日发布风暴预警,停止通航。

- 约翰·廷德尔在《哲学杂志和科学期刊》上发表论文说,空气吸收热量,而大气的化学结构又会影响气候。这就是最早的"温室效应"理论。

爱尔兰物理学家约翰·廷德尔(1820—1893)出生于爱尔兰卡洛的一个警察之家。他在卡洛当地上学,后到政府绘制国家地图的部门工作。1843年到一家私企做测量员。1847年,他到汉普郡昆伍德学院教数学。在这期间,结识了自然学科教师爱德华·弗兰克林并与之成为朋友。受弗兰克林的影响,他大量阅读并聆听所有他能听的课程。两人在1848年同时被德国马尔堡大学录取。廷德尔选学了物理、计算和化学。在校期间,罗伯特·邦森(1811—1899)为他的化学老师,并给予他极大的帮助和鼓励。他于1850年获得博士学位,1851年又返回昆伍德学院。1850年入选伦敦皇家科学院。由于他1853年在皇家学院的授课广受欢迎,被聘为自然哲学教授,后来又成为该学院院长。

廷德尔最大的贡献在于发现热的传导和光的散射。他研究发现,这种散射可以在阴影中观测到,因为月球上的光不散射,所以就不会有这种现象。他由这个发现得出了天空为什么是蓝色的答案。廷德尔积极宣传普及科学,撰写多本著作,用通俗易懂的语言进行讲解。1870—1873年,他在美国进行巡回讲学,讲学收益全部捐献给基金会,用于推动美国科学事业发展专项基金。他对冰川也有研究,酷爱登山运动。他是首次攀登马特霍恩山的登山队一员,首次登顶威斯霍恩山,并多次攀上勃朗峰。他身体不太好,1887年从皇家学院退休后,和妻子一起住在萨里,直至1893年去世。

1863年

- 法国首个用电报形式将各气象台站的气象信息发送至中心站的网络建成启用。

- 弗朗西斯·高尔顿在他的著作《气象志》中首次使用"反气旋"一词,并提出绘制气象图的方法。这个方法至他提出一直沿用至今。为了验证这个方法的可行性,他向分布在欧洲各地的气象台发出问卷,征集在某一特定日期的测量结果,然后标在图上。后来,高尔顿在伦敦《时代》周刊上发布了气象图,他解决了移动绘图的难题,改变了以往的绘图用具,在软物质上刻痕,用于做模。他还提出向高空某一特定地区发射炮弹,然后利用炮弹的烟雾测量高空风的纬度和风向。在气象局的赞助支持下,对此进行了实验。实验证明,这一方法是可行的。炮弹按预期计划发射到 2 745米的高度,在这个高度上进行烟雾跟踪测量是很容易的。

  弗朗西斯·高尔顿爵士(1822—1911)是英国的地质学家、人类学家和统计学家。他兴趣爱好广泛,尤爱科学观察。他生于英国伯明翰一个贵格教教徒家庭,先后在伯明翰学院、伦敦国王学院、剑桥大学三一学院和伦敦圣乔治医院学习、工作。1844年,也就是他在剑桥毕业的当年,父亲去世,留给他一大笔财产。他对巴尔干半岛各国、近东地区和非洲西南部地区进行了考察。他对气象学做出了贡献,但贡献最大的还是他对人类学的研究。1859年,他的表哥查尔顿·达尔文发表了《物种起源》极大地激励鼓舞了他。他通过对孩子成长环境的研究,了解人类遗传特征。为了对所收集到的所有数据进行整理分析,他于1888年发明了一种数字对相关参数进行分析的方法。他首创优生学，通过优生优育培养智商高出常人的天才。他还发明通过指印辨认罪犯的方法。1909年，高尔顿被封为爵士。1911年去世。

1869年

● 这一年的9月1日，克利夫兰·阿贝在辛辛那提天文台台长的鼓励下，开始在日报上刊载《气象简报》。这是世界上首次发表气象简报。这种天气预报受到民间欢迎，催生了1871年国家气象局的成立。阿贝在局内做科学助理。

　　克利夫兰·阿贝（1838—1916）是"气象学之父"。他出生于纽约市，并在纽约接受教育。后到密歇根大学学习天文学，同时随马萨诸塞坎布里奇大学的本杰明·阿普索普·库尔德私人学习。毕业后留教，在密歇根大学教了几年书。1864—1866年在俄罗斯普尔科沃天文台学习天文。回到美国后，被任命为辛辛那提天文台台长，负责接收来自全国的有关暴风雨的电报信息。他把收集到的信息都按区域时间标在地图上，整理后每日播出。1891年，美国气象局由原陆军信号部队下属转归到农业部，阿贝被任命为气象总监。在他的余生中，他一直担任这一职务，而且期间从未间断研究和在约翰霍普金斯大学的教学工作。

1870年

● 2月9日，尤利西斯·格兰特总统批准议会决定，在部队建立气象服务站，由陆军信号部门行使管理。这一决定到1891年美国气象局转归农业部后自行失效。

1871年

● 作为美国气象局的科学助理,克利夫兰·阿贝(参见1869年)于2月19日开始,每三天播出一次天气预报。11月8日,气象局对五大湖区首次发出"风暴预警"信号。

1874年

● 国际气象协会成立。

1875年

● 伦敦《泰晤士》报首次以报纸形式刊出由弗朗西斯·高尔顿(参见1863年)绘制的气象图。

1878年

● 2月11日,英国气象局首次出版每周气象报告。

1883年

● 莱昂-菲利浦·泰瑟朗·博尔特发现,北大西洋两边中纬度地区的气候极大地受制于两区的气压平衡,两区分别为主要集中于冰岛一带的低压区(冰岛低压)和主要集中于北大西洋东北部地区亚速尔群岛一带的高压区亚速尔高压。这种平衡的变化被称为"北大西洋涛动"。

　　莱昂-菲利浦·泰瑟朗·博尔特(1855—1913)出生于巴黎一个工程师之家。1880年,他在巴黎中央气象局气象部参加工作，1892年，成为气象局的总气象学家。1896年退休后即在他的实验基地凡尔赛附近的德拉普建了一个天文台。他通过气球进行测量，用测量数据对高空大气进行研究。他是利用气球进行大气研究的先导者。博尔特1913年在戛纳逝世。

1884年

● 塞缪尔·皮尔庞特·兰利发表论文，提出大气吸收热量后对气候产生影响的观点。这是世界上最早关于温室效应的论述。兰利还测量了不同季节中和在地平线上的不同高度月亮发射的光谱。这使阿列纽斯（参见1896年）准确地测出二氧化碳和水蒸气蒸发时吸收了多少热量。

　　塞缪尔·皮尔庞特·兰利（1834—1906）是美国天文学家。他出生在马萨诸塞州，在波士顿拉丁中学和波士顿高中读书，1851年高中毕业。实际上，他大部分时间都在自学。1957—1864年，他在芝加哥和圣路易斯做土木工程师和建筑师，同时学习天文。1865年回到波士顿后，被任命为哈佛大学天文台助理。1866年，他离开波士顿，到马里兰州安纳斯美国海军学院教数学。1867年，他被任命为宾夕法尼亚州阿勒格尼亚天文台台长和宾夕法尼亚西部大学物理学和天文学教授。1887年，他成为史密斯史尼亚协会秘书，后为会长，在这个岗位上一直干到1906年逝世。

　　兰利在1881年发明了测辐射热仪，用于精确测量非常小量的热量和测量阳光辐射。他也对航空有着浓厚的兴趣，对大气匀速流过固体的方式做了多次研究测试。测试结果表明，特殊形状的薄薄的羽翼足以承载飞机的重量。1896年，他建了一架蒸汽飞机模型，飞了大约1英里（1.2公里）远。政府给他拨专款5万美元，用于修建一个正常大小的模型飞机。但由于他所用材料抗压能力不强，所以，1897—1903年的三次飞行试验都以失败而告结束。《纽约时报》发表社论，批评他浪费公共资金，社论还预测说，人类在1 000年的时间里都不可能飞上天空。就在这篇社论发表9年后，怀特兄弟成功地将飞机送上蓝天。

1891年

● 7月1日，气象局由陆军信号部队转归农业部，美国气象局正式宣告成立。克利夫兰·阿贝（参见1863年）被任命为气象总监。

1893年

● 爱德华·蒙代发现，历史上1645年和1715年的小冰河时代的最冷地区与太阳黑子超低活动期有关，这前后有32年时间，没有一则关于太阳黑子的报道。这段时间通常被称做"太阳活动极小期"。研究还发现，"太阳活动极小期"的早期与气候变冷那一段在时间上相吻合，只是相对变冷那一段，而非整个冰河时代。

爱德华·沃尔特·蒙代（1851—1928）为英国天文学家，但他却没有正式的天文学专业的学历证书。他出生于伦敦，父亲是一位公理会教长。他在伦敦国王学院上学，毕业后到一家银行工作。1873年，他顺利通过国家文职人员考试，进入格林尼治皇家天文台，成为摄影师和光谱分析助理，专门拍摄太阳黑子，记录其大小和所处位置。在完成这项工作的同时，他对德国天文学家古斯塔夫·施珀雷尔的一个发现产生了浓厚兴趣。施珀雷尔在研究中发现,在1400—1510年这段时间,几乎就没有发现过太阳黑子。蒙代查阅了有关天文的所有历史资料后得出结论,1645—1715年是历史上太阳黑子最少的一段时间,因而提出"太阳活动极小期"的提法。

1873年,蒙代入选皇家天文协会。他于1928年在格林尼治逝世。

1895年

● 查里斯·马文(1858—1943)为美国气象局的首席天文学家。他开创用风筝收集地面环境测量数据之先河,并建议将此方法推广使用。他对所有可以进行气象监测的仪器、工具都抱有极浓厚的兴趣。

1884年,马文博士被任命为美国信号总局的助理教授,当时的气象服务还归属陆军信号部队。在1891年隶属美国气象局后,马文成为天文学教授。到1918年,威尔逊总统提议成立了国家科学院,马文出任了首席天文学家。他在这一岗位一直干到1934年退休。

1896年

● 4月,斯万林·奥古斯特·阿列纽斯在《哲学杂志和科学期刊》发表文章,提出大气中二氧化碳浓缩的变化与气候变化有关。现在我们称这种现象为"温室效应"。为了验证这一推理的真实可靠性,他在没有计算机,甚至连计算器都没有的条件下作了1万—10万次实验,证实二氧化碳浓度增加两倍,全球平均温度就会上升9℉—11℉（5℃—6℃）。按照国际各国政府专门小组讨论确定的气候变化预测为2.5℉—10.4℉（1.4℃—5.8℃）。

阿列纽斯认为二氧化碳的变化主要是受可能引发冰川时代开始或结束的因素决定,这些因素就包括频率、数量和火山喷发的方式等。他估算如果人类燃烧矿物燃料,气温就会在3 000年内成倍升高。他认为,全球变暖会给人类带来福音,比如延长农作物生长期、提高人类生活水平等等。

阿列纽斯并不是第一位提出气候与空气的化学成分密切相关的科学家(参见1827年、1861年、1884年),但他却是第一位测量了大气中二氧化碳含量增加,并推导出这将影响气候的科学家。

斯万林·奥古斯特·阿列纽斯(1859—1927)是一位瑞典物理化学家,出生于乌普萨拉。当他3岁时,他就开始自学。后来进入乌普萨拉、斯德哥尔摩等大学学习。他最大的贡献是关于电解质的研究发现。由于这一研究发现,他被授予1930年度的诺贝尔化学奖。他兴趣广泛,在1908年出版的《制作的世界》一书中提出,地球上的生命都是由太空孢子演变而成的。1895年被任命为斯德哥尔摩大学教授,1905年,任诺贝尔学院物理化学分院教授。他于1927年在斯德哥尔摩逝世。

☙ 国际气象大会在《世界云图》中正式规定了云层的分类。这本书后来经过数次修订,现在由联合国世界气象组织(WMO)负责修订出版。

1898年

● 美国气象局在美国中、东部地区建立了16个风筝气象站(之后又建立了一个),并在派克斯峰、科罗拉多和弗吉尼亚的气象山上建立了永久性天文台。这些气象台站在建立后的20年时间里,为美国提供了各种天气参考数据。

1902年

- L·P·泰瑟朗·博尔特(参见1883年)利用测量气球发现平流层。这一发现说明大气是分两层的。在低层时,温度随高度的增加而提高。他把这一现象称作"对流层"。泰瑟朗·博尔特的发现表明,在离地面7英里(11公里)高的位置,温度不再随高度的增加而变化。他把这一层称作"平流层",而把这两层间的空间称作"对流层顶"。他认为,平流层应该是按照氧气、氮气、氦气、氢气这样重量向上逐次递减的顺序构成排列的。而实际上,平流层中的气体并不是有序排列的,而且,尽管高空中空气稀薄,空气中的化学成分和对流层中的空气化学成分组成是一样的。图18所示为人们现在所知的大气的组成结构。空气团中99.9%都位于低于平流层的区域。

1904年

- 威廉·皮叶克尼斯在这一年出版《天气预报是力学与物理学的问题》,奠定了天气预报的基础。

  威廉·皮叶克尼斯1862年3月14日出生于挪威的克里斯蒂安尼亚(现在的奥斯陆)。其父卡尔·皮叶克尼斯是一位流体动力学家。早在少年时代,他就协助父亲做实验,以验证其流体动力学的理论预测是否正确。1880年,威廉·皮叶克尼斯进入克里斯蒂安尼亚大学学习数学和物理,并继续与父亲合作。

165

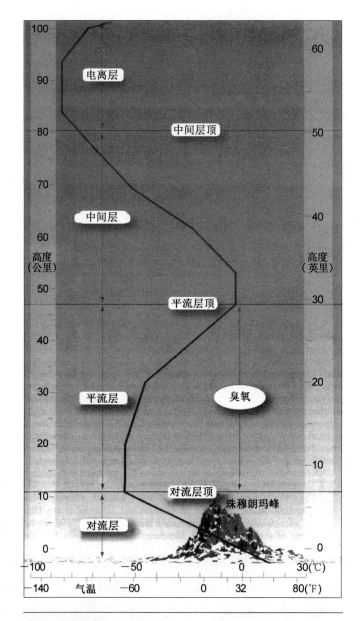

图 18　大气结构
大气是分层的，主要依据是其内部温度的变化，而内部温度的变化
又是随高度的变化而变化。

166

1888年，皮叶克尼斯获得克里斯蒂安尼亚大学硕士学位。在大学的最后一年，皮叶克尼斯决定不再与父亲合作。从克里斯蒂安尼亚大学毕业后，皮叶克尼斯获得一份国家奖学金出国。1889年，他去法国巴黎参加彭加勒的电动力学讲座。后来，他到德国波恩做著名物理学家赫兹的助手。1890—1892年，皮叶克尼斯一直随赫兹在波恩大学从事电磁学共振的研究，这对后来无线电广播的发展至关重要。

　　1893年，皮叶克尼斯被任命为瑞典斯德哥尔摩工程学校讲师，两年后成为斯德哥尔摩大学应用力学和数学物理学教授。他将汤姆逊和赫尔姆霍兹的涡旋理论推广到大气和海洋运动中。他还计划用流体动力学和热力学方程来描述地球大气的运动状态，这样就可以计算大气未来的状态。这就是后来数值天气预报的基本思想。

　　1897年11月2日，皮叶克尼斯的儿子雅各布出生。后来，雅各布也成了世界著名的气象学家。

　　1905年，皮叶克尼斯访问美国，他向美国同行介绍了他在气团理论研究中取得的重要进展以及他计划利用数学方法制作天气预报的设想。皮叶克尼斯的计划深深打动了卡内基基金会，基金会答应资助他的研究。此后，皮叶克尼斯一共获得卡内基基金会36年的研究资助。

　　1907年，皮叶克尼斯接受挪威克里斯蒂安尼亚大学应用力学和数学物理学教授一职。1910年，他建议在天气图上绘制流线，并分析辐合、辐散区。1912年，他被德国莱比锡大学聘为地球物理学教授，并兼任莱比锡地球物理研究所所长一职。一战期间，皮叶克尼斯在挪威各地建立了许多气象台站。他和儿子雅各布及同事利用这些资料创立了著名的极峰理论。

1926年，皮叶克尼斯接受母校奥斯陆大学（克里斯蒂安尼亚于1925年改名为奥斯陆）的邀请，担任应用力学和数学物理学教授。1932年退休，同年获英国皇家气象学会西蒙奖。退休后，他仍积极参加国际气象学术活动，主持了1936年国际大地测量学和地球物理学联合会气象学会的工作。1951年4月9日在奥斯陆去世。

1905年

● 瓦格恩·沃尔福里德·埃克曼通过研究，解释了为什么漂浮的海

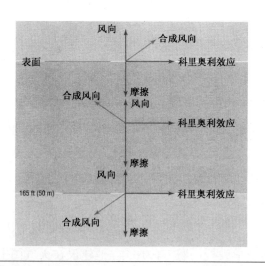

图19 埃克曼螺旋
随着深度的增加，海洋水流就会向左偏移（在北半球）至埃克曼深度，而在海面就会按相反方向流动。风向也会由于摩擦力的影响出现埃克曼螺旋现象。

洋冰块在风向右45度角处流动的原因。挪威考察者弗里德乔夫·南森（1861—1930）曾在19世纪90年代时就对此现象有过论述。埃克曼将此现象作为他的博士论文题目。他把这一现象解释为风向、风力、科里奥利效应和摩擦在不同水层的共同作用力。在北半球，由风力吹动的海流也呈45度角在风向南部流动，而在南半球则在北部流动。他还发现，摩擦力随水深的增加而增大，最终水流流动速度减慢，转变方向，而且，在某一深度的水流甚至以与海面水流相反的方向流动。"埃克曼深度"随地理海域的不同有所变化，但海洋中大部分地区的深度是在平均50米深的水域。这些都用数字在图表中表现了出来。水流方向从海面到这一深度是呈螺旋状的，通常叫做埃克曼螺旋。后来又发现，随着纬度的增高，风向也会出现埃克曼螺旋现象。

瓦格恩·沃尔福里德·埃克曼（1874—1954）为瑞典海洋学家和物理学家。他出生在瑞典首都斯德哥尔摩，在乌普萨拉上大学。1902年，由于埃克曼螺旋的发现，获乌普萨拉大学授予的博士学位。他在1905年发表的一篇论文中将此定义为"地转对大洋流动的影响"。1902年，埃克曼接任挪威奥斯陆国际海洋研究实验室助理一职。1908年返回瑞典，1910年起，任隆德大学数学物理学教授，直至1954年退休。

1913年

● 法国物理学家玛利–珀尔–奥古斯特–查里斯–法布里发现大气平流层中的臭氧层。臭氧层位于离地面6.6万—9.8万英尺

（20—30公里）高的大气中，在这一高度中的臭氧层厚度远高于其他任何地区。臭氧受紫外线辐射能量的影响，分为两步形成。首先，紫外线辐射将氧分子分解成原子；然后，它就与氧分子及第三种分子（如氮分子）进行碰撞，形成臭氧。臭氧还会被一种另外的波长的紫外辐射所破坏，但这种情况大多只发生在高纬度地区。这一现象和大气的其他一些合成使臭氧层中有大量臭氧聚集。

法布里利用他与阿尔伯特·佩罗（1863—1925）共同设计发明的法布里-佩罗干涉仪和法布里-佩罗标准具进行这项研究。这两个仪器都可利用其极高的分辨能力，穿透光进入光的波长。法布里还发现某种气体会对紫外线辐射进行过滤，而这种气体就是臭氧。

玛利-珀尔-奥古斯特-查里斯-法布里（1867—1945）是

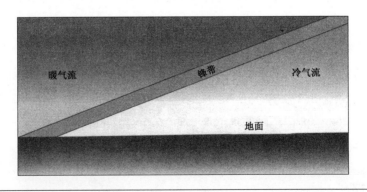

图20　分隔冷暖锋的过渡带
锋指过渡带两边的空气。暖气通过，暖气团就占据原来冷气团的位置。冷风过境，冷气团就占据原来暖气团所在位置。暖锋带以0.5度—1.0度的角度下倾，而冷风带为2度左右。

他那个时代最著名的物理学家。他出生于马塞,并在那里就学。1885年进入巴黎专科学院,4年后毕业即进入巴黎大学,于1892年获巴黎大学博士学位。毕业后在几所中学教物理,1984年成为马塞大学的教师。1904年成为马塞大学的工业物理学教授。1914年到巴黎参与一项政府研究项目。1921年到索邦讲授物理,后转入巴黎专科学院,任物理学教授,并兼任国际重量和测量协会主席。1917年退休,1945年在巴黎逝世。

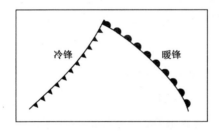

图21 锋面标记
气象锋有标准符号标记:三角形(有时着蓝色)代表冷锋;半圆形(有时着红色)代表暖锋。这些通常标示锋在地面的位置。

1917年

● 威廉·皮叶克尼斯(参见1904年),卑尔根大学的前身是卑尔根博物院的卑尔根地球物理学会,建立这个物理学会的是皮叶克尼斯和他的助手、同事,他们一起完成了他一生中最重要的工作。他和他的助手、同事一起被称作"卑尔根学派"。他和助手一起推导出和天气中可测变量有关的方程组。虽然,以当时的条件是不大可能迅速求得变量的解,不过,他们的工作最终导致了解释气旋起源的极锋理论的诞生。图中显示了锋面和分隔冷暖两种不同性质气团之间的狭窄的过渡带。

1918年

● 弗拉迪米尔·彼得·柯本发表根据植被类型进行气候分类理论体系。他根据温度和降雨,把气候归为六组。比如,冬季温度在64℉(18℃)就极适合热带植物,夏季温度在50℉(10℃)就是树木的福音,温度降至27℉(—3℃),就说明每个冬季某一地区会下雪。他把天气归为热带雨季;干旱;暖、温和、有雨;冻土带;永久性霜冻;冰盖6组。后来又于1936年对这一理论作重新完善和修正。柯本的这种气候分类体系被广为接受。

柯本(1846—1940)生于俄罗斯圣彼得堡,父母都是德国人。他在克里米亚上学,上学期间萌发了对植物与气候间的关系的浓厚兴趣。他后来到海德尔堡和莱比锡就读。1872—1873年在俄罗斯气象服务中心工作。1875年到德国汉堡,领导一个专门负责德国北部陆地海洋气象预报的部门。1879年后,他一直专心致志于研究工作。1940年他在奥地利格拉茨去世。

1920年

● 米卢廷·米拉诺夫斯基提出地球与太阳在运转过程中的三种变化可能会引起冰川时代的开始和终结。这个观点被当今的气候学家所接受。

地球在太阳轨道上的椭圆形轨道上绕行。在绕行大约10

万年的时间里，椭圆形轨道会变长，再变短。这就是带来地球到太阳间距离的改变，进而改变从地表吸收的太阳辐射量。在大约 4 万年的时间里，地球自转轴就像振动陀螺仪一样，在小圆圈内运动，改变着自转轴和太阳辐射的角度，并造成太阳对地球辐射分布的改变。在大约 2.1 万年的时间里，地球在运行轨道上离太阳最近的日子（近日点）有所不同。现在，近日点在 1 月份，而在 1 万年前，近日点却在 7 月份。这种情况改变了冬季和夏季从地表吸收的太阳辐射的强度。图 22 说明了这种循环周期。

米拉诺夫斯基对多年前的天文周期时间做了计算，然后推出它们重合的时间，得知地球表面太阳辐射达到的最高值和最低值。他发现重合都发生在冰川时代开始和终结时期。因为辐射变化的程度太小，无法对如此大的气候现象做出合理解释，所以很多气候气象对此论证持怀疑态度。1976 年，对从大洋内采集的沉积核的研究证实了米拉诺夫斯基观点的正确性。他的观点现正被广泛接受。

米卢廷·米拉诺夫斯基（1879—1958）是一位塞尔维亚数学家和气象学家。他出生在克罗地亚和塞尔维亚边境上克罗地亚境内。他曾在维也纳技术学院学习，1904 年获技术科学博士学位。米拉诺夫斯基曾在一家建筑公司做过一段工程师，但在 1909 年又受聘到贝尔格莱德大学讲授应用数学。第一次世界大战期间，他被捕后作为战俘曾到塞尔维亚军队中服役一段时间。服役期间，当局特许他在布达佩斯的匈牙利科学院图书馆继续他的研究。他于 1958 年去世。

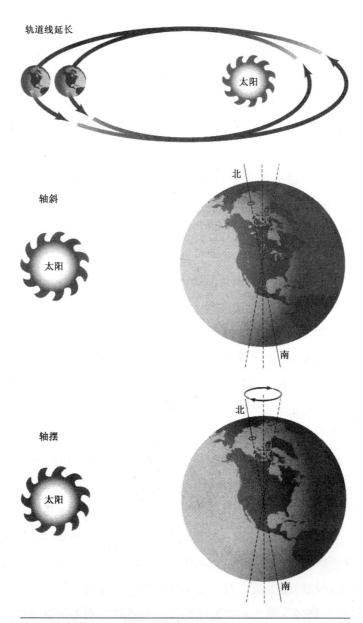

图22　米拉诺夫斯基循环

影响冰川时代的开始和终结有三种循环：地球轨道线延长；地球自转
轴斜面改变；自转轴摇摆。

1921年

● 威廉·皮叶克尼斯（参见1904年）发表了《论圆涡动力学及其在大气和大气涡旋、波动中的应用》，在这篇文章中提出了著名的大气环流理论。他认为低气压的组成成分为气团，而这些气团又是可由温度、气压和湿度所区分的。气团在大面积地区上空形成，被分为大陆气团（C）或海洋气团（M）。还可继续细分为冰洋气团（A），极地气团（P），热带气团（T）和赤道气团（E）。它们相遇后形成冰洋大陆气团（cA），极地大陆气团（cP），热带大陆气团

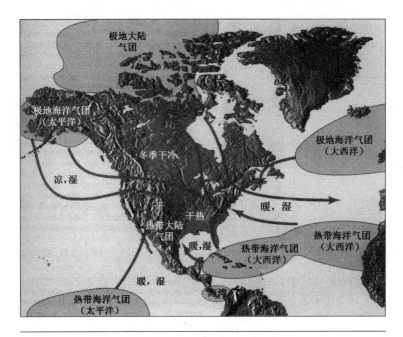

图23 影响北美的气团
从图中可以了解每类气团的发源地、行进方向及对天气的影响。

（cT），热带海洋气团（MT），极地海洋气团（mP），冰洋海洋气团（mA），赤道海洋气团（mE）。不存在大陆性赤道气团的原因在于大洋覆盖了几乎整个赤道地区。

- 藤原咲平博士提出两股热带气旋很有可能围绕两者共同的中心进行轨道运行。这一理论被称作"藤原咲平效应"，只要风暴间的距离少于900英里（1 448公里），就会产生这种效应。如果一股风暴远大于另一股，那么大的势必吞并小的。如果它们威力规模相当，它们就会合二为一。合并起来的风暴威力势必大增。藤原咲平通过在冬天观察旋风中心得出这一结论。如果两股旋风正面相遇，各自旋转一阵之后进行合并，合并后其中一股就会改变前进方向，然后两股按同一方向继续前行。如果两股按相反方向前行（一股为顺时针方向，一股为逆时针方向），结果仍会是强势的吞并弱势的。

  藤原咲平在第二次世界大战之后出任日本东京中央气象局局长。

1922年

- 刘易斯·弗莱伊·理查森出版《数值过程的天气预报》，书中提出了对天气作数值预报的方式。他提出这一观点的理论基础是地表气压的升降影响着空气柱四周从地表到对流层顶气体的聚和散。理查森利用物理学原理进行观测，得出大气的变化不是瞬间的，而是在几小时之前甚至是几天之前就会有变化征兆。由于缺乏高空大气的准确测量数据，又由于空气的聚散在不同高度情况有所不同，而这些不同又远比空气柱四周气体的聚散重要得多，同时这种观测方法要求又非常严格,操作起来非常繁琐,要做许许多多的测量,而当时还没有计算器和计算机,他的实验最终没有成功。理查森自制了一种转式手持计算器,外观上和计算尺相近,如图24所示。

20世纪50年代推出了数值预报的新版本,也就是沿用至今的方法。美国和英国最早利用这种方法,分别于1955年和1965年开始用这种方法进行数值预报。现代的数值预报利用在不同高度收集到的测量数据,计算出在每一高度上的变化和相互所带来的影响和对天气的影响。这在以前是根本不可能的,所以数值预报只能是在高速计算机的辅助下才能完成。如果没有计算机,当我们仍在做繁杂的信息采集、整理时,还没等我们将天气预报发出去,天气已经再次发生了变化。

刘易斯·弗莱伊·理查森(1881—1953)为英国数学家和气象学家。他出生于英格兰东北部一个信奉贵格教的家庭,在约克大学和剑桥大学学习。1927年,他47岁,获得伦敦大学授予的博士学位。当时他入选皇家科学院正好一年。他在1903—1904年间在国家物理实验室工作。1913年进入气象局。他在1920年气象局归入航空部时退出。他曾

图24 刘易斯·弗莱伊·理查森发明的用于数值预测的计算器
这个计算器和计算尺相近,可以很快得出计算结果,但却无法计算出天气预报所需的大量计算数据。

任威斯敏斯特培训学院物理系主任，1929年任佩斯利技术学院院长。

理查森提出的许多利用数学方法解决复杂问题的方法都极富想象力，并且相当超前，他甚至利用数学方法解释战争的起因。1953年，他在苏格兰阿盖尔逝世。

1923年

● 吉尔伯特·沃克爵士（1868—1958）提出，赤道附近的地区存在空气从西向东的高层运动，并由此制衡赤道表面附近的信风。现在这一上层气流运动被称为沃克环流。沃克同时也描述了与这一上层气流运动相关联的热带空气压力分布周期性变化。沃克将这一周期性变化称为南方涛动。

　　到了20世纪70年代，南方涛动被认为是造成厄尔尼诺现象的原因之一。厄尔尼诺是导致重大天气事件发生的位于热带南太平洋的气流。现在，这两种现象都被视同为一个现象，统称为厄尔尼诺—南方涛动现象。图25所展示的是气压分布的变化，也就是南方涛动现象，是如何导致厄尔尼诺现象出现的。

　　吉尔伯特·沃克爵士是英国的气象学家和帝国理工学院的气象学教授。1904年，他被任命为印度气象局局长。由于印度季风的缺席，导致1877年和1899年在印度发生了严重的饥荒。因此，沃克被要求探讨预报季风年度变化的可能性，这也是沃克自己最感兴趣的问题。正是他对季风的研究引导他发现了沃克环流和南方涛动。

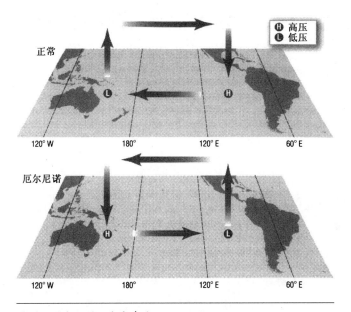

图 25　厄尔尼诺—南方涛动
气压分布的逆转引发暖水海洋向东面流动。

1924年

● 戈登·米勒·伯恩·多布森发明多布森分光光度计,通过观测穿
过大气层到达地面的紫外线强度来推算当地上空的臭氧总量,该
仪器被各国所采用,一直至今。为纪念多布森,臭氧测量结果除
采用通常的单位表示外,还用多布森单位,它相当于1/1 000(标
准状态下臭氧层厚)。

　　戈登·米勒·伯恩·多布森(1889—1976)是英国物理学
家和天文学家。第一次世界大战期间,他在法恩巴勒皇家航空公
司任实验部主任,1920年到牛津大学讲授气象学课程。第二次世
界大战期间,他开始了对空气湿度的研究,以便对飞行器凝结物

的纬度高度进行预报。在进行这项研究的过程中,他发明了世界上第一台霜点湿度计。多布森在1927年入选皇家科学院,1945年,牛津大学授予他教授头衔。1956年退休并未影响他对臭氧的研究。他于1976年在牛津逝世。

1931年

- 威尔森·奥尔韦恩·本特雷出版《雪花》一书,书中发表了他多年拍摄的5 000多幅显微照片中的2 000多幅。他拍摄的高清晰、高质量照片一下子引起了这一领域的科学家们的重视,为雪花分类这一国际体系的发展做出了贡献。

  威尔森·奥尔韦恩·本特雷(1865—1931)是一名美国农民和气象学家。他的家乡佛蒙特杰里科每年冬天都会下雪。他母亲原是一名小学教师,从他懂事起就专职在家教育他。母亲用了一架显微镜辅助教学,而本特雷也被显微镜下所展示的新奇世界所吸引,尤其是雪花、露珠、冰晶和冰雹的美丽更令他着迷。他把看到的都画了下来,但画下来的雪花、露珠、冰晶和冰雹与真实的差距很大。后来在经济条件允许时,他买了台折叠暗箱相机和显微设备,专用于显微拍摄。他所有的显微照片都是这台相机的杰作。

  夏天天气晴朗,没有雪花时,他就研究雨滴,还为此发明了一种测量雨滴大小的方式。他用一个盛有大约1英寸(2.5厘米)厚度的精面粉的盘子做实验。当雨滴落下,干面变成面团,他就开始测量面团的大小。这种方法沿用至今。他从面团的大小推断出雨滴的形成方式。他在1898年到1904年间做了300多次测量。

  1898年,本特雷第一次在《大众科学月刊》上发表文章,之后又不断有文章刊出,但只出版了《雪花》一本书。

1924年,本特雷受到首次美国气象协会颁发的科研奖,此后,他仍坚持对气象的研究。他于1931年在自己的农庄去世。

● 查里斯·沃伦·桑斯威特把自己对气候进行分类的方法总结归纳,出版了专著。他将气候按照其自然植被种类的分布进行了分类,称作"降水效应"。他对每月的降水量(P)和蒸发量(E)进行测量、研究,然后累加12个月的数据,得出P/E指数,由此定出5个"湿度区域"。

P/E湿度指数在127以上为雨林地带;潮气指数64—127为森林;半湿润指数32—63为草地;半干旱指数16—31为草原;干旱指数16即为沙漠。1948年,桑斯威特对这一提法进行了修订,增补了湿润指数,并通过对蒸发能力的测量,得出有效降雨量和植物对雨水的需求量。他还通过测量每月的气温,以0指霜冻,127指热带气候,归为热力指数表。

查里斯·沃伦·桑斯威特(1889—1963)是他所处时代的世界著名气候学家之一。他出生于密歇根,在密歇根中央高中(现已为大学)就读,1922年毕业后担任自然生物科学老师。1929年获加利福尼亚大学伯克利学院授予的博士学位。1927—1934年间,在俄克拉荷马大学分院任教,1940—1946年间在马里兰大学任教,1946—1955年在约翰斯霍普金斯大学任教。1935—1942年间任美国土壤保持协会气候地理研究院院长,1946年之后任新泽西希布鲁克气象学实验室主任,费城德莱克塞尔专科学院气象学教授。1941—1944年任美国地理联合会气象学院院长。1957年当选世界气象组织气候学委员会委员长。

1936年

● 中谷宇吉郎在日本北海道大学实验室模拟出了人造雪花。这是世界上首片人造雪花。

中谷宇吉郎（1900—1962）上学期间学习原子物理。1932年起，在北海道大学任教。当时这里没有做原子实验的仪器设备，他就把研究方向转到了资源丰富的雪花上。他研究了在不同情况下形成的雪花，并对它们进行了科学分类。

1940年

● 卡尔·古斯塔夫·阿维德·罗斯贝发现中高对流层中西风的大幅起伏波动，这就是被称为"罗斯贝波"著名的大气长波理论。这种波波长约为2 500—3 750英里（4 000—6 000公里），多发生于海上。他通过实验证实，高空风对天气影响极大。在高空风势强劲，下面锋面的活动加强，出现暴风雨天气。高空风势减弱，冷空气就会向南方移动。

卡尔·古斯塔夫·阿维德·罗斯贝（1898—1957）是20世纪最伟大的气象学家之一，为气团和大气活动等的发现做出重大贡献。他自1954年起开创并领导着全世界的大气化学的研究工作。

罗斯贝在瑞典的斯德哥尔摩出生并且在当地接受教育。在1918年获得斯德哥尔摩大学理论力学学位之后，他开始在卑尔根地球物理研究所和皮叶克尼斯一起工作。1921年皮叶克尼斯接受了莱比锡大学的职位，罗斯贝也和他一同前往。1922年，罗斯贝返回斯德哥尔摩加入了瑞典气象水文服务局。罗斯贝一边参与着各类海洋探险,一边继续着数学的学习。1925年他成功获得了斯德哥尔摩大学的副博士学位。1926年在斯堪的纳维亚—美国基金会奖学金的赞助下,他访问了美国并且成了位于华盛顿的美国气象局的一名员工。1927年,罗斯贝搬往加利福尼亚;在1928年被任命为麻省理工学院的气象学教授。1939年他成了美国气象局研究和教育部门的副主任,但他不久后于1940年离开了。随后他成了芝加哥大学气象研究院的主席。1947年,为了帮助斯德哥尔摩大学成立气象研究所他回到了瑞典。之后,他一直在斯德哥尔摩待到去世。

● 6月30日,美国气象局的归属从农业部转到了商业部。

1946年

● 文森特·约瑟夫·谢弗发现干冰冰粒(固体二氧化碳)在 -9.5℉(-23℃)的情况下溶入湿空气中,使水蒸气转变成冰晶。这个发现如同历史上许多发现相类似,也是在偶然间被发现的。谢弗当时作为诺贝尔奖得主欧文·兰米尔的研究助手,和同事贝纳德·沃内格特一起在纽约斯克内克塔迪电子研究实验室里做实验观察潮气结冰过程。因为机翼常在高空中冷冻结冰,引起飞机上升能力下降和飞机失事等一系列问题,所以这项研究为当时一个重要课题。他们利用冰箱把各种不同形状的灰尘颗粒变成结晶体。1946年7月,有一段时间天气非常热,冰箱内的温度很低,不适合做实验。谢弗就通过向冰箱里撒干冰颗粒让冰箱中的气体冷凝。很快,冰箱里就出现了小型雪暴的景观。

意识到这一发现的重要性，谢弗又于1946年11月13日着手进行了更大的一项实验。他乘飞机在马萨诸塞波茨菲尔德上空云层中向云层中抛撒了2.7公斤的干冰，很快形成了一场雪暴。这一成功对于预防天气做出重大贡献，也是实验气象学的里程碑。

　　文森特·约瑟夫·谢弗（1906—1993）出生于美国斯克内克塔迪。16岁辍学，到通用电气公司下属一家机器商店工作，后又重返校园。1928年毕业于达威树木整形学院。他一生喜爱户外活动，喜爱滑雪，也酷爱树木栽培，但经济压力迫使他重新回到通用公司。1933年，兰米尔聘他做助手，他们的合作持续了整个二战，期间发明了不少有实用价值的仪器。谢弗1954年离开通用，任慕尼塔尔普基金会研究会主任。从此，他投身于研究和教育。1959年受聘于纽约州立大学，1960年参与大气科学研究中心的建立，在1966—1976年间任该中心主任。

　　贝纳德·沃内格特（1914—1997）出生于印第安纳州印第安纳波利斯，在麻省理工学院就读，1936年毕业。1937年因飞机结冰的研究获麻省理工学院的博士学位。1939—1941年在哈特福德帝王公司工作，随后任麻省理工学院研究员。1945年他又回到通用电气公司工作。继在云层上撒干冰实验之后，他又用其他一些更容易抓握，也能产生相同效果的物质做了实验。他提出用银白色碘结晶，因为它易于在正常室内温度中存放，这一点不同于冰晶，也不必在特定云层上由飞机喷洒，可以洒在地面，由气流带走。1952年，沃内格特转到亚瑟立特尔公司，1967年被纽约州立大学推选为著名研究教授。1997年在纽约奥尔巴尼逝世。

1949年

● 美国雷暴雨计划实施过程中,首次使用雷达收集气象资料。

1951年

● 国际冰雪委员会批准了雪晶分类国际认定标准。这一标准将雪晶
  分为7个主要类别,每一类又再细分为2级类型和3种降落形式:
  软雹、雨夹雪和雹子。这一分类根据中谷宇吉郎(参见1936年)
  的雪花分类标准,将雪晶用7种方式分成41种雪花。1966年,纳
  卡亚的分类标准扩展至80个主要雪花形状。图26显示的为通用
  的描述雪晶的标准符号。

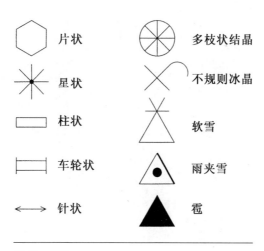

图26　雪晶
雪晶有7种基本形状和3种降落方式,各由一种图
案表示。

1954年

日本北海道大学的中谷宇吉郎（参见1936年）出版《雪晶》一书，这堪称是关于雪花形成和雪花形状的经典之作。

1959年

● 美国气象局颁布出版了温度—湿度标准（THT），用于描绘人们在热天的舒适度，以及是否此类不舒适会导致人体健康的损害。这些都是从平时的温度和相应的湿度等相对温度情况下采集的数据，并可像图27一样，用图表形式表现。

温度（℃）	平 均 湿 度									
	10	20	30	40	50	60	70	80	90	100
（27）	75	77	78	79	81	82	85	86	88	91
（29）	80	82	84	86	88	90	93	97	102	108
（32）	85	87	90	93	96	100	106	113	122	
（35）	90	93	96	101	107	114	124	136		
（38）	95	99	104	110	120	132	144			
（40）	100	105	113	123	135	149				
（43）	105	112	123	137	150					
（46）	111	120	135	151						

图27　温度—湿度标准

测量空气的温度和相应的湿度，然后在此表中查出相对气温。

使用这张图表时，先测量一下温度和相对湿度。在左边栏中找到温度和相对湿度。温度和相对湿度的相交点，即为温度—湿度的等级。80以下对大多数人不构成危害，80—90就要注意，90—106更要多加小心，106—130就会对人体构成危害，131以上会对人体构成相当大的危害。

1960年

● TIROS-1（电视和红外线观察卫星），即首颗气象卫星于4月1日由美国成功发射。

1961年

● 爱德华·诺顿·洛伦茨发现天气系统是无规则可循的。在设计天气体系的计算机模式时，洛伦茨为了节省时间，在第二次运转时省去了后几位小数，造成1/1 000之差。正是这一省略却描绘出了一幅完全不同于前的天气模式。

爱德华·诺顿·洛伦茨出生于康涅狄格州西哈特福德。先后在达特默思学院、哈佛大学和麻省理工学院就读。第二次世界大战期间，他在美国气象部队中服役，预报天气。1946年在麻省理工学院工作，并于1948年获该院的博士学位。1962—1981年，他任麻省理工学院气象学教授，1981年起任该校荣誉教授。

1964年

● Nimbus一号卫星于8月24日发射成功，这是首颗能在夜间拍摄清晰图片的气象卫星。

1965年

● 7月13日,美国气象局正式划归环境科学委员会。

1966年

● 首颗置于固定轨道上的气象卫星应用技术卫星一号(ATS-1),于12月6日由美国成功送上太平洋上空。

● 美国军队在格陵兰冰盖上抛撒了1 403米长的冰核。丹麦地球物理学家威利·丹斯格德与其同事助手利用测量冰中氧(^{16}O : ^{18}O)的两个同位素的量,建构了过去10万年以来的气候历史。

  威利·丹斯格德1922年出生于丹麦哥本哈根。在哥本哈根大学上学,并于1961年获该校博士学位。现任哥本哈根大学地球物理荣誉教授,并入选丹麦皇家科学院,瑞典皇家科学院和丹麦地球物理协会。

1967年

● 美国气象局更名为国家气象服务局。

1971年

● 美国芝加哥大学龙卷风专家特奥多·藤田博士及其妻子与同事藤田纯子和艾伦·皮尔森一起,出版了用于测量龙卷风强度的6级标准。藤田龙卷风强度标准将风速和龙卷风所造成的危害结合在了一起。

  杰苏亚·特奥多·藤田(1920—1998,1968年时接受了"特奥多"的名字)生于日本北九州。学习期间,他对美国 1945 年 8 月 6 日在日本广岛投下的原子弹爆炸引起龙卷风和风暴性大火所产生的热气旋发生极大兴趣。1950 年他到美国芝加哥大学就读,学习期间继续他的研究课题。后来,他在芝加哥大学任气象学教授。他在研究中发现仅一场风暴就能引发一连串的龙卷风,他将这种现象称作"龙卷风家族"。他还发现并解释了"下击暴流"和"微爆发"两个气象学上重要的现象。

艾伦·皮尔森在 1965 年被任命为密苏里堪萨斯市当地重大风暴预警中心(SELS)主任。1966 年,气象局重新更名为国家严重风暴预警中心(NSSFC),1997 年从堪萨斯市迁至俄克拉荷马的诺曼。1980,皮尔森博士调入环境服务委员会中央地区指挥部工作。

1973 年

● 多普勒雷达首次用于在龙卷风气旋内测试整个过程。

1974 年

● 弗兰克·谢伍德·罗兰和马里奥·何塞·莫里纳提出:作为喷雾剂,制冷剂使用在冰箱、冰柜、空调和泡沫塑料制作过程中的氯氟碳化物(CFC)能长时间存在于空气中。当这种积蓄达到一定量的时候,它们就能够穿透平流层。正是在这穿透过程中所发生的一系列化学反应,很有可能造成臭氧流失。

弗兰克·谢伍德·罗兰 1927 年生于俄亥俄州特拉华。他在特拉华当地中小学上学,1943 年考入俄亥俄州维斯雷安大学。

1945年加入海军,服役期满之后又继续其学业。1948年毕业后转入芝加哥大学,1952年获该校博士学位。毕业后到普林斯顿大学化学系做讲师,1956年到1964年期间,他在堪萨斯大学做助理教授,1964年受聘为加利福尼亚大学化学教授,他现在仍是这所大学化学和地球科学唐纳德布雷恩研究教授。1985—1994年,罗兰还在布鲁克黑文国家实验室做研究工作。

马里奥·何塞·莫里纳1943年生于墨西哥市。他中小学业在瑞士完成,大学学业在墨西哥市墨西哥大学学习化学工程,后在墨西哥大学和加利福尼亚大学教学,同时进行科学研究。1982—1989年,他在位于帕萨迪纳的加利福尼亚技术学院喷气飞机的推进实验室工作,1989年转入马萨诸塞技术学院地球、大气、行星系和化学系工作,1997年受聘为麻省理工学院教授。

保罗·克鲁泽恩1933年出生于荷兰阿姆斯特丹市。他的中小学学业先后由于第二次世界大战和身体疾患所中断,1951—1954年,他完成了民用工程课程。1954—1958年,他在阿姆斯特丹桥梁建设局工作,1958受聘到斯德哥尔摩大学气象学系做计算机程序员。1968年获斯德哥尔摩大学博士学位。1969年,克鲁泽恩离开斯德哥尔摩到牛津大学任教,1974年到1980年间,在科罗拉多博士德国国家气象研究中心工作,被聘为德国美国茨马克思普兰克化学学院大气化学系主任,1987—1991年在芝加哥大学做兼职教授。自1992年起,在加利福尼亚斯克瑞普斯天文学院任兼职教授。

1975年

● 1月16日,美国首枚地球环境同步卫星发射成功。

1977年

● 11月23日,首枚向地球固定轨道发送的欧洲气象卫星——气象卫星一号由美国发射成功。这颗卫星一直工作到1985年。

1979年

● 12月29日,美国气象学家洛伦茨(参见1961年)在美国科学进步协会在华盛顿特区召开的年度会议上提交了题为《巴西一只蝴蝶拍一下翅膀会不会在得克萨斯州引起龙卷风?》的论文。他说,一只南美洲亚马孙河流域热带雨林中的蝴蝶,偶尔扇动几下翅膀,可能两周后会在美国得克萨斯州引起一场龙卷风。其原因在于:蝴蝶翅膀的运动,导致其身边的空气系统发生变化,并引起微弱气流的产生,而微弱气流的产生又会引起它四周空气或其他系统产生相应的变化,由此引起连锁反应,最终导致其他系统的极大变化。此效应说明,事物发展的结果,对初始条件具有极为敏感的依赖性,初始条件的极小偏差,将会引起结果的极大差异。洛伦茨把这种现象戏称为"蝴蝶效应",意思即一件表面上看来毫无关系、非常微小的事情,可能带来巨大的改变。这是首次提出"蝴蝶效应"。

1981年

● 替换气象卫星一号的气象卫星二号发射成功。

1985年

● J·C·法尔曼、B·G·加德纳和J·D·尚克林三位在英国南极考察队工作的科学家提交了一份报告,报告称南极上空的臭氧层在减少消失。他们在报告中首次使用了"臭氧洞"一词。

1988年

- 联合国环境计划委员会(UNEP)和世界气象组织(WMO)成立气候变化问题专门小组。

1989年

- 欧洲太空机构成功发射法国承建的气象卫星四号。

1992年

- 载有准确测量海平面高度仪器的Topex-Poseidon卫星成功发射。卫星发射后进行了两次勘测,一次使用雷达信号测量卫星到海平面的距离,另一次测量了地球重力场,计算出海平面平静时,卫星到海平面的距离。海洋学专家通过减去一次测量,计算出海浪的高度和海流运动。科学家还可以观察到赤道洋流的变化,进而掌握厄尔尼诺—南方涛动(ENSO)的天气情况。这对于ENSO的预报预防极为有利。

1993年

- 美国的国家气象服务中心利用巨型计算机和先进气候模型,提前5天预报主要风暴。这是历史上首次能如此提前的预报风暴。

1995年

- 弗兰克·谢伍德·罗兰,马里奥·何塞·莫利纳和保罗·洛伦茨获该年度诺贝尔化学奖(参见1974年)。
- 6月3日,俄克拉荷马大学天文学校的科学家乔舒亚·沃尔曼和杰里·施特拉卡使用新仪器,观察了发生在得克萨斯迪米特的龙卷风。这一次观察比以往任何一次观察都细致。他们把一台多普勒雷达放在一台小卡车上。雷达把1.2—3.7英里(1.9—6公里)范围内的观测结果以1.2度宽的光反射回来。根据雷达反射回来的资料,可掌握龙卷风的结构,龙卷风中心的冲击堆、风速和中心下沉气流超过每小时56英里(90公里)。观测范围随龙卷风的移动而移动。

五

气象数据

蒲福氏风级

风力级数	风速 英里/小时（公里/小时）	名 称	陆 地 地 物 象 征
0	0.1（1.6）或更少	无级风	静,烟直上
1	1—3（1.6—4.8）	软 风	烟能表示风向
2	4—7（6.4—11.2）	轻 风	人面感觉有风,树叶有微响
3	8—12（12.8—19.3）	微 风	树及微枝摇动不息,旌旗展开
4	13—18（20.9—28.9）	和 风	能吹起地面灰尘和纸张,树的小枝摇动
5	19—24（30.5—38.6）	清劲风	有叶的小树摇摆,内陆的水面有小波
6	25—31（40.2—49.8）	强 风	大树枝摇动,电线呼呼有声,撑伞困难
7	32—38（51.4—61.1）	疾 风	全树摇动,大树枝弯下来,迎风步行感觉困难

风力级数	风 速 英里/小时（公里/小时）	名 称	陆 地 地 物 象 征
8	39—46（62.7—74）	大 风	可折毁树枝，人迎风步行感觉阻力甚大
9	47—54（75.6—86.8）	烈 风	烟囱及平屋顶受到损坏，小屋遭受破坏
10	55—63（88.4—101.3）	狂 风	陆上少见，可将树木连根拔起，将建筑物吹坏
11	64—75（102.9—120.6）	暴 风	陆上很少，树被连根拔起吹离原地，汽车翻转
12	多于75（120.6）	飓 风	陆上绝少，其摧毁力极大

萨菲尔—辛普森飓风

级别	中心气压 毫巴 英寸汞柱 厘米汞柱	风 速 英里/小时（公里/小时）	风暴浪高 英尺（米）	灾 害 程 度
1	980 28.94 73.5	74—95 119—153	4—5 1.2—1.5	树叶、树枝被吹落；活动房屋受到破坏
2	965—979 28.5—28.91 72.39—73.43	96—110 154.4—177	6—8 1.8—2.4	小树被吹倒，活动房屋破坏程度严重，烟囱和屋顶瓦片被从房顶吹落
3	945—964 27.91—28.47 70.9—72.31	111—130 178.5—209	9—12 2.7—3.6	树叶被吹光，大树被吹倒，移动房屋被破坏，小型建筑物遭不同程度破损

级别	中心气压 毫巴 英寸汞柱 厘米汞柱	风速 英里/小时 (公里/小时)	风暴浪高 英尺(米)	灾害程度
4	920—944 7.17—27.88 69.01—70.82	131—155 210.8— 249.4	13—18 3.9—5.4	门、窗、房顶大面积破损，活动房屋被完全毁坏；内陆9.6公里被洪水淹没，海岸附近楼房低层被淹
5	≤920 <17.17 <69	>155 >250	>18 >5.4	破坏严重，所有房屋遭不同程度破坏，小建筑被摧毁，内陆0.5公里内低于海平面4.6米的建筑物遭破坏

藤田龙卷风强度表

等级	风速		受灾程度
	英里/小时	公里/小时	
微 弱			
F-0	40—72	64—116	轻度灾害
F1	73—112	117—180	中等灾害
强 烈			
F-2	113—157	182—253	较大灾害
F-3	158—206	254—331	严重灾害
剧 烈			
F-4	207—260	333—418	摧毁性灾害
F-5	261—318	420—512	无可估量的灾害

云 层 分 类

	云层高度		云底高度			
	极 地 区 域		中 纬 度		热 带	
	以1000英尺为单位	以1000米为单位	以1000英尺为单位	以1000米为单位	以1000英尺为单位	以1000米为单位
高云类型 种类：卷云 卷层云 卷积云	10—26	3—8	16—43	5—13	16—59	5—18
中云类型 种类：高积云 高层云 雨层云	6.5—13	2—4	6.5—23	2—7	6.5—26	2—8
低云类型 种类：层云 层积云 积云	0—6.5	0—2	0—6.5	0—2	0—6.5	0—2

云 层 定 义

低　云	
层　云	大体呈灰色的云，云底颇为一致，可降毛毛雨、冰针或小雪，自层云窥视太阳时，轮廓清晰可见。层云不能有日月晕现象，除非云中温度极低（冰晶云）时始能见晕。
层积云	灰或微白，或灰色与微白兼具，成块、成片或成层几乎皆有阴暗部分。排列如棋盘，圆块或滚轴状，均无纤维结构（雨幡除外），有时各云并合接连，有时呈分离状态。大部分为排列有序的云块，视幅大于5度。

积 云	孤立的云,大体浓密且轮廓显明,垂直伸展如山丘,其圆形或塔状云顶幕常类似花椰菜。被日光照射部分大都明亮,云底则较黑暗并近于扁平。有时积云亦有破碎者。
积雨云	浓厚庞大的云,垂直伸展旺盛,形如大山或巨塔,通常云顶至少有一部分平滑,或呈纤维状条纹,且常有部分平展成铁砧形,或一大片羽毛状,云底之下经常极为黑暗,时常带有与主云相连或不相连的破碎低云,降水有时呈幡状。
中 云	
高积云	白色或灰色,或白灰兼具,成片、成张或成层的云。常有阴影,为薄片、圆块或滚筒状云所集成,有时部分具有纤缕或呈散乱状,并合与否没有一定。大部分为排列有序的云,个体视幅通常在1度—5度间。
高层云	淡灰、微蓝色可分辨具有条纹纤缕均匀的云层,通常掩蔽全天,较薄时可透视太阳,至少能见朦胧日影,不显现日月晕现象。
雨层云	灰色云层,常甚黝黯,其形态因连续降雨或雪而呈散状,所降雨雪大多及地,云的厚度足可遮蔽太阳,低而破碎的云常出现于雨层云层之下,可否并合并不一定。
高 云	
卷 云	孤立的云,形态如白色细丝,或呈白色或大部分呈白色的小片或细带状。这种云具纤维状(如毛发)形态,或具有丝质光泽,或两者兼有。
卷积云	纤维、白色成片成层的云,无阴影,由形如谷粒、涟漪、合并或分离,且约略排列有序的甚小个体组成,大部分这种小个体的视幅小于1度。
卷层云	透明、白色纤维状而均匀的云幕,掩盖天空的全部或一部分,常发生日月晕现象。

目前大气的成分

气　　体	化学分子式	含　　量
主 要 成 分		
氮	N_2	78.08%
氧	O_2	20.95%
氩	Ar	0.93%
水汽	H_2O	可变
次 要 成 分		
二氧化碳	CO_2	365 ppmv
氖	Ne	18 ppmv
氦	He	5 ppmv
甲烷	CH_4	2 ppmv
氪	Kr	1 ppmv
氢	H_2	0.5 ppmv
一氧化二氮	N_2O	0.3 ppmv
一氧化碳	CO	0.05—0.2 ppmv
氙	Xe	0.08 ppmv
臭氧	O_3	可变
微 量 成 分		
氨	NH_3	4 ppbv
二氧化氮	NO_2	1 bbpv
二氧化硫	SO_2	1 ppbv
硫化氧	H_2S	0.05 ppbv

（ppmv意为体积的百万分率，1 ppm=0.000 1%;ppbv意为体积的10亿分率，1 ppb=0.000 000 1%）大气高度和密度

大气高度和密度

高 度		密 度	
公里	英里	千克／立方米	磅/立方英尺
30	18.6	0.02	0.001 2
25	15.5	0.04	0.002 5
20	12.4	0.09	0.005 6
19	11.8	0.10	0.006 2
18	11.2	0.12	0.007 5
17	10.6	0.14	0.008 7
16	9.9	0.17	0.010 6
15	9.3	0.20	0.012 5
14	8.7	0.23	0.014 3
13	8.1	0.27	0.016 9
12	7.5	0.31	0.019 3
11	6.8	0.37	0.023 1
10	6.2	0.41	0.025 6
9	5.6	0.47	0.029 3
8	5.0	0.53	0.033 1
7	4.3	0.59	0.036 8
6	3.7	0.66	0.041 2
5	3.1	0.74	0.046 2
4	2.5	0.82	0.051 2
3	1.9	0.91	0.056 8

高　度		密　度	
公里	英里	千克／立方米	磅/立方英尺
2	1.2	1.01	0.063 0
1	0.6	1.11	0.069 3
0	0	1.23	0.076 8

反　照　率

表面类型	数　值	表面类型	数　值
新　雪	0.75—0.95	沙　漠	0.25—0.30
旧　雪	0.40—0.70	草　地	0.10—0.20
积状云	0.70—0.90	农　田	0.15—0.25
层状云	0.59—0.84	落叶林	0.10—0.20
卷层云	0.44—0.50	针叶林	0.05—0.15
海　冰	0.30—0.40	混凝土	0.17—0.27
干　沙	0.35—0.45	黑色道路	0.05—0.10
湿　沙	0.20—0.30		

平　均　雪　线

纬　度	北　半　球		南　半　球	
	（英尺）	（米）	（英尺）	（米）
0—10	15 500	4 727	17 400	5 310

纬　度	北　半　球		南　半　球	
	（英尺）	（米）	（英尺）	（米）
10—20	15 500	4 727	18 400	5 610
20—30	17 400	5 310	16 800	5 125
30—40	14 100	4 300	9 900	3 020
40—50	9 900	3 020	4 900	1 495
50—60	6 600	2 010	2 600	793
60—70	3 300	1 007	0	0
70—80	1 650	503	0	0

降雪降雨等值转换

雪转为水的比率		
温　度		比　率
℉	℃	
35	1.7	7∶1
29—34	−1.7—1.1	10∶1
20—28	−6.7——2.2	15∶1
10—19	−12.2——7.2	20∶1
0—9	−17.8——12.8	30∶1
＜0	−17.8以下	40∶1

紫 外 线 指 数

紫外线等级	指数值	照晒时间（分钟）	预 防 提 示
最低级	0—2	30—60	戴帽
低	3—4	15—20	戴帽；建议涂擦SPF15以上的防晒护肤品
中	5—6	10—12	戴帽；涂擦SPF15以上的防晒护肤品；尽量在阴凉处
高	7—9	7—8.5	戴帽；建议涂擦SPF15以上的防晒护肤品；上午10点—下午4点间在室内活动
特别高	10—15	4—6	尽量室内活动；出门戴帽和涂擦SPF15以上的防晒护肤品

雪 崩 等 级 表

一共分5级，每一级比前一级强度增加10倍

等　级	破　坏　力	路径宽度 英尺/米
1	把人击倒，但不埋没。	33/10
2	把人埋没、损伤、砸死。	330/100
3	埋没和毁坏汽车，损坏卡车，摧毁小建筑，折断树木。	3 300/1 000
4	毁坏有轨电车和大卡车，摧毁若干建筑，或者直至4公顷的森林。	6 560/2 000
5	所知道的最大等级，摧毁村庄或者4公顷的森林	9 800/3 000

引发全球变暖的主要温室气体

气　　体	全 球 增 暖 潜 力
二氧化碳	1
甲　烷	21
一氧化二氮	310
氟氯化碳—11	3 400
氟氯化碳—12	7 100
全氟化碳	7 400
氟化烃	140—11 700
六氟化硫	23 900

冰川的平均雪线的高度表

纬　　度	北半球高度/米	南半球高度/米
0—10	4 727	5 310
10—20	4 727	5 610
20—30	5 310	5 125
30—40	4 300	3 020
40—50	3 020	1 495
50—60	2 010	793
60—70	1 007	0
70—80	503	0

六

术语汇编

冰雪消融 （ablation）

通过融化或者升华过程失去地表的冰雪。

绝对湿度 （absolute humidity）

给定体积空气中的水汽质量，通常用克/立方米（g/m^3），它与温度与气压变化导致的湿度改变无关。

绝对零度 （absolute zero）

原子与分子动能极小时的温度。在凯尔文温标中，它为0，相当于$-459.67℉$（$-273.15℃$）。它是可能的最低温度（但是根据热力学第三定律，这是一个不可能达到的温度）。

附属云 （accessory cloud）

属于某一云系的大块云所连带的小块云。最常见的附属云有蘑菇云、喇叭云和帆状云。

绝热率 （adiabat）

空气块上升时降温和下沉时升温的速率。

绝热（变化）的 （adiabatic）

指与外界热源既没有获得热量也没有损失热量情况下的温度变化。

大气浮游生物 （aerial plankton）

从地面吹起的、被上升气流悬浮在空中的细菌、孢子等微生物。它们可以被长距离地输送。

气溶胶 （aerosol）

悬浮在空气中的多种固体或者液体粒子的混合物。严格地讲，云是一种气溶胶，但是这个词一般应用于固体粒子。气溶胶包括土壤粒子、沙尘、从海水中蒸发的盐晶体、烟、大气浮游生物与一些有机物质。气溶胶粒子非常之小以至于大约每天只降落4英寸（10厘米），不过，在下雨或者雪的情况下将很快被清除掉。

气霜 （air frost）

大气温度低于冻结温度时的状况。

气团 （air mass）

各高度层上空气的温度、湿度、递减率等物理特征量近似为常数的覆盖地球表面很大范围的空气团。

反照率 （albedo）

地表反射率的大小用射到地表上的辐射和被反射的辐射的比例来表示。如果所有的辐射都被反射，则地表反照率为1.0或100%。没有被反射的辐射就是被吸收的辐射。

艾伯塔低压 （Alberta low）

有时在落基山东坡的加拿大的艾伯塔地区产生的低压区。当空气越过山时会产生气旋式环流，它向东移动，并带来强风和强降水。

阿留申低压 （Aleutian low）

中心大约在北纬50°位于北太平洋阿留申群岛附近的半永久性低压。它所覆盖的广大区域产生大量风暴沿着极锋向东移动并趋向于合并。它经常出现在冬季，且很少移动。它在1月份气压最低，平均为1 002毫巴。

上坡风 （anabatic wind）

向山上吹的风。

风速表 （anemometer）

用来测量地面风速的一种仪器，有几种类型。应用最广泛的是旋转风杯风速表，风向风速仪也是比较通用的。摆动板风速表（压板风速表）是测量阵风大小的优选仪器。制动风速表通常在船上使用。还有压力风速表。声学风速表通常应用在气象站。

空盒气压表 （aneroid barometer）

测量大气压力效应的一种气压表，它由一个抽掉空气的波纹状金属盒组成。当气压上升时，空盒部分凹陷，但是空盒内有一个弹簧片阻止它完全凹陷进去。当气压降低时，空盒膨胀。空盒表面所在的位置可以通过电子技术来测量，但大多数的空盒气压表的空盒表面连接着一个弹簧片，弹簧片连接的控制杆来移动刻度盘的指针。

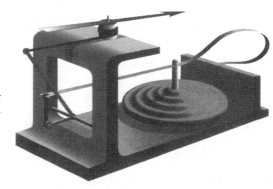

图28 空盒气压表

图29 角动量

角动量由转动物体的质量、旋转半径和旋转速度所决定。

角动量 （angular momentum）

物体绕某一轴沿曲线运动时所具有的动量。角动量是物体的质量(M)，旋转半径(r)与角速度(Ω)的乘积$M\Omega r$，如果它是常数说明它是守恒的（角动量守恒）。为了保持角动量守恒，如果其中的一个或者多个因子发生了变化，那么其他的因子也将自动发生改变。角动量守恒最显著的结果就是围绕热带气旋或者龙卷的中心旋转的风能够产生巨大的速度。

角速度（Ω）（angular velocity）

物体沿某一曲线运动所具有的速度，通常表示为弧度/秒。一个圆周的弧度为2π，所以如果T为旋转一周所需要的时间，那么$\Omega=2\pi\div T$。切向速度$v=\Omega r$，其中r为圆的半径，该速度是沿直线运动的速度通常度量为英里/小时或者公里/小时。

反气旋 （anticyclone）

大气压高于周边空气的一个区域。中心点气压最高，气压随着远离中心而降低。空气从反气旋流出的速度正比于气压梯度。

反气旋的 （anticyclonic）

一个形容词，用来描述环绕反气旋或者高压脊的气流方向。其方向在北半球为顺时针，在南半球为逆时针。

北冰洋蒸汽雾 （arctic sea smoke）

当经过了冰盖与冰川的非常寒冷的空气从陆地移向一显著较暖

的海面时形成的雾。水很快地蒸发到了临近海面的空气中,并且通过对流上升。水汽被输入到了冷空气中又重新凝结生成云。这种雾通常较浓,但是其伸展高度不超过35英尺(10米)。

大西洋输送带 （Atlantic conveyor）

从大西洋的北极圈边缘送出冷水、并且从太平洋到印度洋带来暖水到大西洋的洋流系统。这个输送带是由北大西洋深水(NADW)形成过程驱动的。 这个洋流下沉到北大西洋洋底并向南流动,穿过赤道到达南极圈边缘,在那里加入到了南极绕极洋流。洋流的一部分转向北进入印度洋,然后又转向南到达斯里兰卡南部

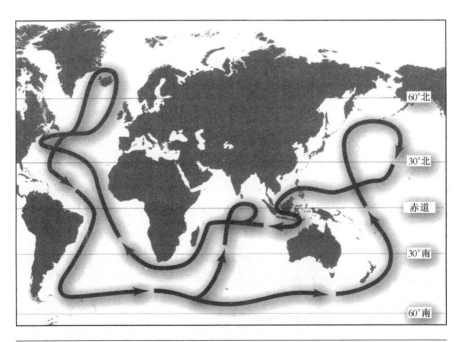

图30　大西洋输送带

并重新加入到了主洋流。在新西兰以南输送带从南极绕极洋流中分叉，转向北进入太平洋，并上升至中间洋流，在海表以下大约3 500英尺（1 070米）流动。它穿过赤道，在太平洋形成一个顺时针的环形，然后向西通过印度尼西亚群岛，在此处再次穿过赤道，穿越印度洋，环绕非洲，然后向北，在四次穿越赤道后返回大西洋。这个环流对于调节整个世界的气候具有很大的重要性。

蒸发表 （atmometer）

测量蒸发的一种仪器。它由已校准的玻璃管组成，玻璃管一端开口以利于水的蒸发。

地轴倾斜角 （axial tilt）

地球旋转轴和通过地球中心与黄道平面成直角的直线夹角。地轴倾斜角的变化周期为41 000年。最小为22.1°，最大为24.5°。目前的地轴倾斜角为23.45°。地轴倾斜角决定了热带地区位于23.45° N与23.45° S之间。在夏至，极点的太阳位于地平面以上的高度角为23.45°。

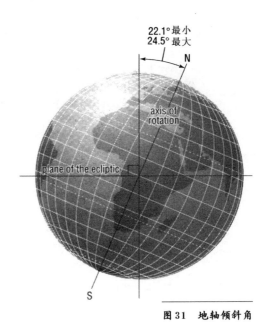

图31　地轴倾斜角

亚速尔高压 （Azores high）

中心位于距葡萄牙西海岸800英里（1 290公里）的亚速尔群岛的反气旋，经常向西扩展到百慕大群岛，百慕大群岛有北美洲著名的百慕大高压。亚速尔高压与冰岛低压之间的气压差驱动天气系统自西向东穿越大西洋。这种气压差的周期性变化就是著名的北大西洋波动。

逆转 （backing）

风向的逆时针变化。如果风向以从正北开始的度数来表示，则逆转的风，其风向的数值递减。

气球探测 （balloon sounding）

通过无线电探空仪对大气状况进行的各种测量。

巴(bar)（bar）

气压的单位，1 bar=10^{10}牛顿每平方米（10^6达因每平方厘米）。现在科学家使用帕斯卡（1 Pa=1牛顿/米^2；1 bar=0.1兆帕）来度量大气压，但是报纸、电台和电视发布的天气报告和天气预报仍然使用毫巴（1 bar=1 000 mb，1 mb=100 Pa）。

伯努利效应 （Bernoulli effect）

伯努利效应由瑞士数学家伯努利于1738年发现，解释了为何机翼表面产生升力，为何飓风能掀起屋顶，为何旋风中心的压力一定低于外区的压力现象。

黑霜（硬霜）（black frost）

使植物变黑而在其外部表面却没有冰晶的霜。它发生在空气非常干的情况下，虽然温度已远远下降到冰点以下，但却仍未达到饱和。植物裸露的表面没有任何形式的霜，但是植物组织内的水分发生冻结。

黑冰 （black ice）

即将结冰的雨水落到温度低于冰点的固体表面上形成的一层冰。两者接触时，水滴铺展开来形成薄层，然后成冰，于是就形成一层光滑的黑色冰壳，由此得名。

雪暴 （blizzard）

伴有大雪和低温的风。国家天气服务局定义雪暴是：风速大于35英里/小时（56公里/小时），气温低于20℉（-7℃）和降雪足够大并形成至少10英尺（250毫米）厚的雪深，或者从地面吹起的雪使大气能见度低于1/4英里（400米）。有些地区不考虑对温度的要求。

阻塞 （blocking）

与通常会带来天气变化的大气运动被阻隔或者转变方向相联系的特定天气形势，它比一般天气形势维持的时间更长。

热辐射仪 （bolometer）

通过测量放在惠更斯电阻桥一条边上的涂黑金属条的温度上

升情况而测量辐射能量的仪器。热辐射仪可以测量出0.001 8℉（0.000 1℃）的温度变化。

边界层 （boundary layer）

紧贴地面的空气层，此层的大气状况受地表的影响非常大。

季风爆发 （burst of monsoon）

夏季风的建立；干冷的天气在几小时内变成了温暖、湿润和多雨的天气。

白·贝罗定律 （Buys Ballots law）

在北半球，如果你背对着风向，则低压区在你的左侧；在南半球，低压区则在右侧。

玻璃球日照计 （Campbell–Stokes sunshine recorder）

记录每天日照时间的仪器。它包括一个球形的透镜，将光聚焦在一张部分包围透镜的卡片上，此卡片上的焦点随时间逐渐移动。

云底高 （ceiling）

云或任何遮盖天空物底部的高度。

云底高度计 （ceilometer）

白天也能测量云底高度的装置，它包括一个投射器和一个探测器。投射仪有两个灯泡，每个灯泡都通过光闸发射聚焦光束。聚

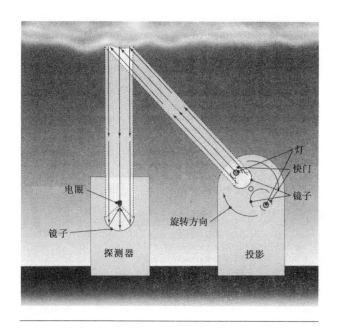

图 32　云底高度计

焦镜和灯泡都旋转,因此可以以脉冲的形式发射与云底有一定夹角的光束。探测器则接收到与光脉冲相同频率的与电脉冲。云底高度可以从发射光束和反射光束的角度及已知的投射器和探测器之间的距离用三角函数计算出来,云底高度计白天可测量的云底最大高度 10 000 英尺(3 000 米),晚上是可达 20 000 英尺(6 000 米)。

晴空湍流(CAT)(clear air turbulence)

不稳定空气中存在的垂直气流,由于空气是未饱和的,因此没有云。它可以由多种原因产生,与急流相伴随的风切变是产生晴空湍流最主要的原因,它有时会影响飞机的飞行。

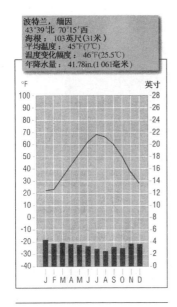

波特兰，缅因
43°39′北 70°15′西
海根：103英尺(31米)
平均温度： 45°下(7℃)
温度变化幅度：46°下(25.5℃)
年降水量： 41.78in.(1 061毫米)

°F   英寸
100   28
90   26
80   24
70   22
60   20
50   18
40   16
30   14
20   12
10   10
0   8
-10   6
-20   4
-30   2
-40   0
    J F M A M J J A S O N D

图33 气候图解

气候图解 （climate diagram）

表示某一地方区各月平均温度和降水量的图。图中还标出该地的名称、经纬度，有时还会给出一些其他附加信息，如海拔高度、年总降水量和温度变化范围。

云凝结核（CCN）（cloud condensation nuclei）

空气中携带的小粒子。水汽在这些小粒子上凝结，生成小雨滴，最终形成云。

冷云 （cold cloud）

整个云的温度都低于凝结点的云。

寒潮 （cold wave）

温度的突然大幅度下降。在美国的大多数地方，寒潮的定义是：24小时内温度至少下降20°F（11℃）并且温度要降到或低于0°F（−18℃）。在加州、佛罗里达和海湾海边的州，则温度必须至少下降16°F（9℃），并且降到或低于32°F（0℃）。

条件不稳定 （conditional instability）

环境温度递减率（ELR）大于湿绝热递减率（SALR）而小于

216

干绝热递减率（DALR）的空气状况。空气在被迫上升到抬升凝结高度之前是稳定的。然后，水汽开始凝结，释放出潜热使空气增暖并使其递减率从DALR降低到SALR，从而小于ELR，由此导致上升的空气一直比环境空气暖，气块持续浮力上升，最终导致不稳定的发生。

辐合 （convergence）

流线从各个方向指向同一区域的气流。低层空气辐合就会导致空气上升，所以低层辐合区也是上升运动区。上升的空气在一定高度总会到达相反的辐散层，从而在地面辐合区的高空向外扩散。

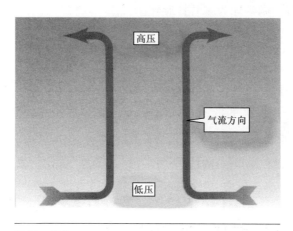

图34　辐合

科里奥利效应 （Coriolis effect（CorF））

由于科里奥利效应（科里奥利力）在北半球，强大的海洋环流按顺时针方向流动；在南半球，强大的海流按逆时针方向流动。此效应在极地处最明显,在赤道处则消失。这就是高压区和低压区大气流动和海洋环形流动的原因。这一效应是由法国物理学家科里奥利1835年发现的。

气旋(低气压)(cyclone)

中心气压低于四周区域,其周围有特定的风场,风呈现气旋性流动。

气旋的 (cyclonic)

用于形容气旋或槽周围空气流动的方向的形容词。在北半球为逆时针旋转,南半球为顺时针旋转。

旋衡风 (cyclostrophic wind)

一种有非常强曲率的曲线路径低层强风。当旋衡风围绕一个面积小,但是强度大的低压系统吹时,它能够产生尘卷风。强热带气旋附近的风经常是旋衡的。计算旋衡风风速(v)的等式是$v=\sqrt{\{(r/p)(\delta_p/\delta_x)\}}$,这里$r$是曲线路径的半径,$p$是空气密度,$\delta_p/\delta_x$是压力梯度。

危险半圆 (dangerous semicircle)

是指在某些风速非常强大的热带气旋一侧,这里的大风能够将船只吹到风暴路径上。由于风暴本身也在移动,因此风暴一边的速度是自己的移动速度加上风速,另一边是风暴自己的移速减去风速。危险半径风暴常常发生在远离赤道的一边。

凝华 （deposition）

在固体表面的一种冰的形态。该形态的形成是由于水蒸气不经液态变化，直接结冰形成的。

露量计（表面湿度测量计）（dew gauge）

用来测量露点的仪器。它包括一个系在天平垂直臂一端的，一个标准大小的泡沫聚苯乙烯球。球的重量随其上凝结的露水而变化，仪器通过天平的另一端的笔和一张固定在旋转的鼓形圆筒上的有刻度的记录纸来记录这种重量的改变。除了泡沫聚苯乙烯球暴露在空气中，仪器的其他部分都封装在一个防风雨的容器中。

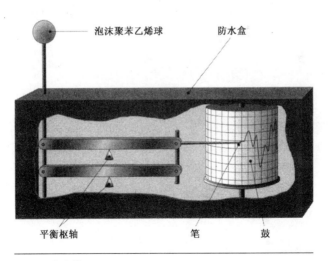

图35　露量计

非绝热温度改变 （diabatic temperature change）

因周围环境而导致的空气温度的改变。

扩散 （diffusion）

当一种液体加入到另一种液体中出现的混合。这种混合无需搅和、摇动、搅拌。这种混合是由分子的随机运动造成的。

正环流 （direct cell）

由对流引起的环流,构成大气中一种普遍的环流。哈得莱和极地环流都是正环流。

辐散 （divergence）

从高压地区向外流出的空气流。这使得该地区的空气质量减小,因此减少了大气压强。

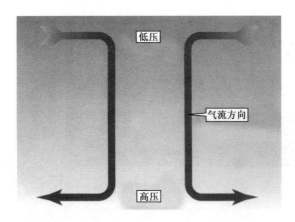

图 36　辐散

陶普生单位（DU）（Dobson unit）

用于度量大气或特定一部分大气中存在的某种气体的浓度。它表示如果大气中其他气体被移开，被讨论的气体放到海平面上，依据海平面气压，这种气体层所占的厚度。在平流层臭氧的总量通常用陶普生单位（DU）来衡量。1 DU的臭氧相对厚度是0.01毫米（0.000 4英寸），在臭氧层中臭氧的总量一般是220—460 DU。相当于2.2—4.6毫米（0.09—0.18英寸）的厚度。

东风急流 （easterly jet）

一条夏季出现的位于9英里（15公里）高度上自东向西吹的急流，它的范围由南海到撒哈拉东南部。

东风波（非洲波，热带波）（easterly wave）

自东向西移动着穿过热带海洋的长的、弱的低压槽，导致轨迹风偏转，并在表面流线上产生波状形势。东风波有时可以加强为热带扰动。

厄尔尼诺 （El Niño）

每隔2—7年一次的赤道南太平洋盛行风的转变。通常，风自东南方向吹来，带动表面暖流向西运动。在厄尔尼诺期间，风场减弱，甚至不吹或是向反方向吹。风带动的洋流静止或是反方向运动，从而使南美海岸的暖水堆积。厄尔尼诺在圣诞前后给炎热的海岸带

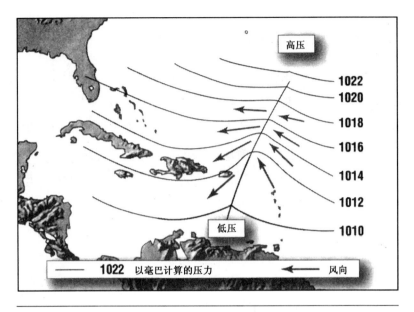

图 37 东风波

来降雨,这也就是为什么这种现象获得它的"圣婴"的名称。

比辐射率 (emissivity)

星体发出的辐射总量,用同温度下黑体发射同样波长辐射的比率来表示。气体比辐射率随着波长的不同有很大的变化,但是固体物质的比辐射率相对保持恒定。

蒸发仪 (evaporimeter)

测量蒸发率的简单仪器,通常会有几种设计方案。一种由有刻度的储水器组成,器皿由软木塞密封,并有一个环悬挂。在储水器底部是一个有扩大敞口的U形管,敞口区域盖有一张过滤纸。

当水蒸气从过滤纸中蒸发掉时，储水器里的水面就会下降。科学家通过定期读取蒸发仪的数据来获取蒸发率。

费雷尔环流 （Ferrel cell）

在大气三圈环流模式中，在哈得莱环流和极地之间的间接环流。空气在费雷尔环流圈中的运动方向与其在两个中环流中的运动方向相反，在极地上升，在亚热带地区下沉。

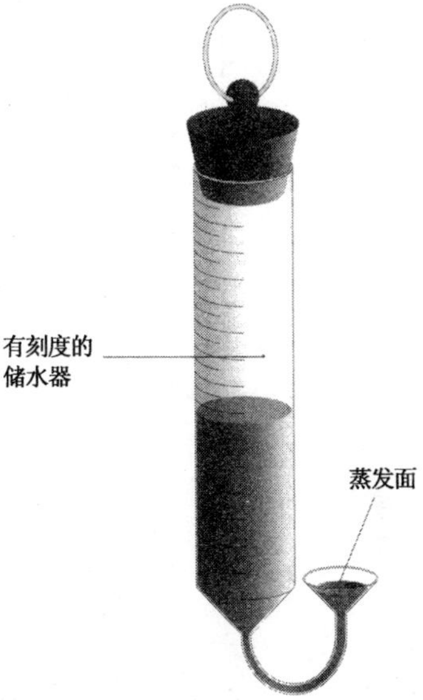

有刻度的储水器

蒸发面

图 38　蒸发仪

风区长度 （fetch）

穿过海表面或洋面的空气运动距离。

锋面逆温 （frontal inversion）

暖空气位于冷空气之上的风区中的逆温。锋面是其下面冷气团中空气对流上升的屏障。

锋面波（锋面低压）（frontal wave）

冷热空气交锋时所发生的波动。当整个系统开始发展时，空气在波动的周围以旋转的方式移动，将低压中心（低气压）包围了起来；同时锋面系统在行进过程中以一支暖锋引领着楔形体的暖空气；并被一支冷锋跟随着。

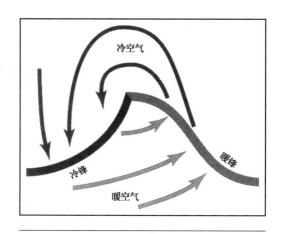

图 39 锋面波

藤田龙卷风强度等级 （Fujita tornado intensity）

根据龙卷风引起的破坏力将龙卷风分为 6 类（F-0—F-5）。龙卷风分为较弱的（F-0—F-1）、强的（F-2—F-3）和猛烈的（F-4—F-5）。

藤原效应 （Fujiwara effect）

当两个尺度相当的台风间的距离在 900 英里（1 450 公里）以内，两者开始向它们中心连线的中点运动。如果一个台风比另一个大，它们就转向大一点的台风运动，然后大的将小的吸收。

气体定律 （gas laws）

描述诸如空气一类气体中密度气压和温度之间的关系。具体内容可参见气体的状态方程式。

大气环流 （general circulation）

所有的大气运动,通过大气运动可以将热量从赤道向高纬度输送,产生风、云、降水。

地转风 （geostrophic wind）

边界层以上几乎沿等压线平行方向吹的风,因为指向低压中心的压力梯度力被科氏力平衡了。

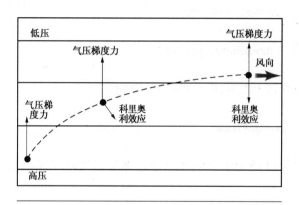

图40 地转风

平盖均衡 （glacioisostasy）

当大冰原溶解后出现的地面慢慢升高。

全球变暖趋势 （global warming potential）

特定温室气体对气候产生的总压力。这个值对比二氧化碳产生的压力,把二氧化碳定为1。水汽是温室效应最强的气体,但是它不包括在内,因为它在大气中的含量变化幅度很大,已经超过了我们人类的控制范围。

温室效应 （greenhouse effect）

因为特定的气体(温室气体)分子吸收和辐射加热而使大气增温。如果大气对所有波长的辐射都吸收,那么这种辐射吸收将使大气比它实际温度要升高54℉—72℉（30℃—40℃）。许多科学家认为人类活动释放温室气体提高了自然界的温室效应,并且这种增强的温室效应将导致全球变暖。

温室阶段 （greenhouse period）

一段地球上没有冰川和冰原的时间。

地面霜 （ground frost）

空气温度高于冻结温度但是近地层温度低于冻结温度时形成的霜。

地下水 （ground water）

在地表以下的饱和层内的水,饱和层是土壤颗粒间的空隙都充满了水的一层。

阵风锋 （gust front）

紧贴着前进风暴前部的区域,该区域中的不稳定暖空气被拖曳到风暴云中,并产生了非常强劲的大风。

旋回环流 （gyre）

旋回环流为大洋中的水流的一种流动方式，在北半球呈顺时针方向流动，在南半球则为逆时针方向（参看下图）。旋回环流通常位于赤道南北30°和大洋中心的西部地区。

哈得莱环流 （Hadley cell）

是大气环流的一部分，其中暖空气在赤道附近上升，这种上升使得空气中大部分水蒸气都流失，然后在热带下沉。下沉空气

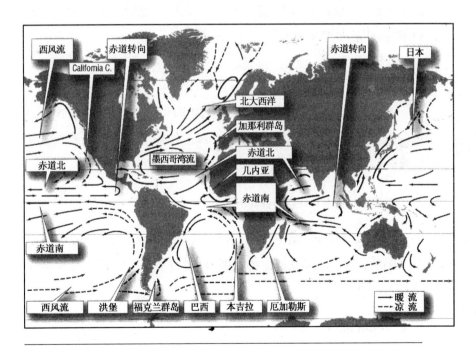

图41 旋回环流
所有大洋表层以旋回方式流动的水流。

绝热升温，到达地表呈现暖干空气。在南北半球均有几个哈得莱环流。

霾 （haze）

当气溶胶吸收或分散太阳光时使得能见度减小，但是能见度不低于1.2英里（2公里）。

热容量 （heat capacity）

为了提高物质的温度所必须提供给它的总热量。它可以用物质的单位质量，也就是通常我们所用的特定热容量（C）或是物质的单位数量，也就是摩尔热容量（C_m）来表示。

热闪 （heat lightning）

在夏季夜晚经常可以看到的片状闪电的无声闪光。引起这种闪电的风暴一般在6英里以外的地方，风暴传播出来的声波或者被空气吸收或者被向上折射并由随高度而变化温度的空气削弱。

高层逆温 （high level inversion）

高于地表1 000英尺（300米）或是更高的位置上的温度逆温层，当地面温度比空气温度低很多时，反气旋中下沉的冷空气引起的高空逆温。

山雾 （hill fog）

当潮湿空气升高，引起空气绝热冷却时出现的雾。

白霜 （hoar frost）

在草地上，其他草本植物、灌木、树木、蜘蛛网和别的外露的表面上形成的一薄层白色冰晶。

副热带无风带 （horse latitudes）

副热带高压所在纬度，大约在南北纬30° 之间，这一带风弱且多变，空气平静，以至于航船因无风而使停航。该处有时有降水，但是非常少，马匹被饿死并抛于船外。

热闪 （hot lightning）

引起森林火灾的闪电。被闪电所携带的电流可以持续1秒，足以使得干燥物质点燃。

湿度 （humidity）

当前空气中水蒸气的总量。这个术语仅仅指气体中的水汽。湿度可以通过混合比、比湿、绝对湿度和相对湿度来度量。相对湿度是用在天气预报中的度量标准。

飓风 （hurricane）

北大西洋或加勒比海的热带气旋。这个名词经常被用作代表任何热带气旋，而不考虑它出现的位置。

湿度计 （hygrometer）

测量空气中湿度的一种仪器。

吸湿核 （hygroscopic nucleus）

由一种能够吸收水分，从而导致体积膨胀的物质组成的云的凝结核，它最终溶解到凝结溶液当中。

间接环流 （indirect cell）

大气环流一部分的费雷尔环流，它不是由对流产生，而是由它南北方的两个正环流触发的。

红外线辐射 （infrared radiation）

波长为0.7微米到1毫米的电磁辐射。

日射 （insolation）

到达单位面积地表的太阳辐射总量。

不稳定（度）（instability）

一旦空气开始上升，这种趋势能够持续下去。

隐性干旱 （invisible drought）

一种干旱现象，在这种干旱期间虽然有降雨，但是雨量不足以将含水层中由于蒸发和植物蒸腾作用而失去的水分补充。结果，河流表面和水位都非常低，植物经历着缺水的压力。

逆温 （inversion）

一种大气温度随高度升高而非降低的大气状态。

等压线 （isobar）

在图上连接大气压相同点的曲线。

等日照线 （isohel）

在图上连接由相同日照时间的点的曲线。

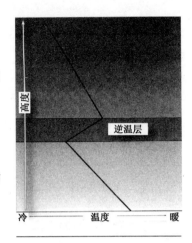

图 42　逆温

等雨量线 （isohyet）

在图上连接具有相同降雨量的点的曲线。

等云量线 （isoneph）

图上云量相同的各点的连线。

等温线 （isotherm）

图或温熵图上温度相同的点的连线。

急流 （jet stream）

在对流层高层或平流层低层的强风带。典型的急流几千英里长、几百英里宽、几英里深。典型的急流有在两半球自西向东吹的极锋急流和副热带急流。夏季东风急流自东向西吹过亚洲，从南阿拉伯半岛进入非洲东部。

约瑟夫效应 （Joseph effect）

某种特定的天气形式的持续和再现的趋势,被命名为约瑟夫效应。是因为法老向约瑟夫描述他的一个梦:"看,整个埃及大陆上将有7年的富裕:它会随着7年的饥荒之后出现。"(《圣经·创世纪》)

下吹风 （katabatic wind）

穿过倾斜坡面向下山方向吹的冷风。

动能 （kinetic energy）

运动的能量,通常的定义是让运动物体停下来所需做的功。动能等于$mv^2 \div 2$,这里m是运动物体的质量,v是它的速度。对于旋转物体,动能等于$I\Omega^2 \div 2$,这里Ω是角速度,I是转动惯量。

节（kt）（knot）

海里每小时的单位速度。国际认同,1海里=1.15英里/小时=1.852公里/每小时。美国在1954年采纳了国际海里单位计量,但是英国的船只和飞机仍继续用1海里等于1.000 64国际海里。

兰利 （Langley）

一种太阳辐射标准单位,它等于1卡路里每平方厘米每分钟。太阳常数等于1.98兰利。

拉尼娜 （La Niña）

以两年为周期出现在赤道南太平洋的东南风的加强现象。它与厄尔尼诺现象是相反的,两者合称为恩索事件（ENSO）。

直减率 （lapse rate）

上升气块随高度升高冷却的速度。干绝热直减率（DALR）等于5.38℉每千英尺（9.8℃/千米）。当气块达到抬升凝结高度时,它所携带的水蒸气将开始凝结成液滴。然后空气以湿绝热直减率冷却,单位是2.75℉每千英尺（5℃/千米）。

潜热 （latent heat）

被吸收后破坏分子键和将固体转变为液体或由液体转变为气体（如冰变为水或水变为汽）的热能即为潜热。当分子键形成,如气体浓缩或水凝结时,所释放的热量相同。潜热在不改变物质本身温度的情况下,从周围的媒质中吸收进来或释放到周围的媒质中。

小冰期 （Little Ice Age）

16世纪开始持续到20世纪早期的冷时期。

蒸散量测量装置 （lysimeter）

一种用于测量蒸发率的仪器。

大气候 （macroclimate）

很大区域（例如陆地或整个地球）的典型气候。

蒙德极小期 （Maunder minimum）

1645—1715年这段期间，很少有太阳黑子被观测到。它与小冰期的最冷一段时间同时发生。

中世纪暖期 （medieval warm period）

该暖期内的全球气温比早于和晚于该暖期的几个世纪的气温都高。气温开始在大约800年的时候开始升高，格陵兰甚至在600年的时候就开始升温了，最高温在1100年和1300年之间出现。

经向气流 （meridional flow）

南北向或北南向的空气运动，这种运动是小尺度的，并非经向环流。

中气旋 （mesocyclone）

围绕一个非常大的积雨云中心螺旋上升的气团，其中积雨云将发展为一个超级单体。

微波 （microwaves）

波长在1毫米到10（0.04—4英寸）厘米之间的电磁辐射。

毫巴（mb）（millibar）

一个大气气压的单位，它等于千分之一的巴。1毫巴=0.014 5磅/平方英寸=0.75毫米汞柱（0.03英寸汞柱）。

轻雾 （mist）

水滴直径为0.000 2—0.002英寸的液体降水。能见度超过1 094码（1公里）。

冰水混合云 （mixed cloud）

一种包括水滴和冰晶的云。

混合比 （mixing ratio）

空气中任意气体的质量与单位质量该空气之比，通常是克（某气体）比千克（空气），最主要的应用是对湿度的预报，克水/千克空气。因为测量单位是质量，所以这个单位不受气压或温度改变的影响。

可航半圆 （navigable semicircle）

在热带气旋接近赤道的一侧，风非常小，趋向于将船推出风暴路径。

近红外辐射 （near-infrared radiation）

在红外波段中波长最短的红外辐射，波长大概是1—3微米。

氧化氮 （nitrogen oxides）

一氧化氮和二氧化氮，主要是由燃烧矿物燃料和植物燃料发生反应而释放出来的气体。这些气体能够与其他物质反应生成臭氧和光化烟雾。

北大西洋波动 （North Atlantic oscillation）

冰岛和亚速尔群岛海平面上气压分布的周期性改变。当冰岛上压强比平均气压低，并且亚速尔群岛上的气压比平均的高时，指数为低指数。

氧同位素比例 （oxygen isotope ratios）

从能够断定日期的沉淀物或冰芯中获得的两种常见的氧同位素，^{16}O 和 ^{18}O 之间的比例。这个比值可以提供过去气候的信息。在碳酸钙中 ^{18}O 比例的升高表明气候偏冷，^{18}O 在冰中比例的提高表明气候变暖。

臭氧层 （ozone layer）

在离地面 66 000—98 000 英尺（20—30 千米）高度上的平流层区域，在该层上，臭氧浓度比其他层次上都高，通常达到 10^{18}—10^{19} 个分子每立方米，或是 220—460 陶普生单位。

永久性干旱 （permanent drought）

沙漠中的干旱形式。没有永久性的溪流或河流；尽管通常一下雨就是大暴雨，但是降水很少发生；农作物仅仅在有灌溉的土地上才能生长。

黄道平面 （plane of the ecliptic）

一个假想的平面，它的周长定义为地球围绕太阳旋转的轨道。

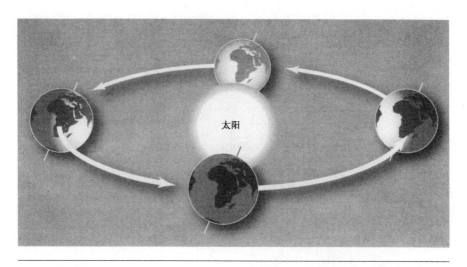

图43 黄道平面

黄道平面是想象的圆平面,以太阳为中心,地球的运行轨道构成边缘轨道线。

极地低压 （polar low）

冬季,在极锋最接近极点的一侧的冷空气中形成的小而强的气旋。

势能 （potential energy）

依据物体所处位置或机构状况而储存在其中的能量。

降水 （precipitation）

从天空降落到地面的液态或固态水,也包括雾、露和霜。

气压梯度（等压斜面）（pressure gradient）

大气压沿水平距离变化的比率。垂直于等压线画出的直线表示

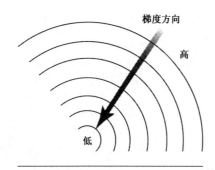

图 44　气压梯度

梯度的方向,等压线之间的距离显示梯度的坡度。

气压梯度力(PGF)(pressure-gradient force)

气压梯度所产生的力,方向取气压梯度的方向,量级和气压梯度的坡度成比例。

一次污染物 (primary pollutant)

排入环境造成直接污染的物质。

干湿表 (psychrometer)

用两个温度计组成的湿度计。干球温度计测量大气温度,湿球温度计间接测量蒸发率。湿球温度计的球用浸入蒸馏水池的纱布条裹住。

辐射雾 (radiation fog)

晴朗夜晚由于空气潮湿而形成的雾。夜间,地表向空中辐射能量,从而急剧冷却;临近地面

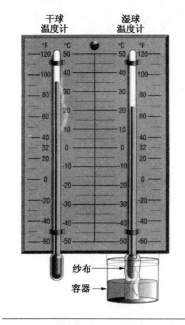

图 45　干湿球温度计

的空气随之冷却到露点温度，水汽凝结形成雾。

无线电探空仪 （radio sonde）

探空气球下面携带的一套仪器，测量大气状态并通过无线电把数据传回地面站。

无线电探空测风仪 （rawinsonde）

携带了雷达反射镜的无线电探空仪，能够被跟踪从而可以监测风。

相对湿度（RH）（relative humidity）

单位质量干空气中水汽的质量和该空气达到饱和时含有水汽的质量之比，写成百分数。

脊 （ridge）

进入低压的长舌状高压突出部分。

冰霜 （rime frost）

一层表面不规则的白色冰。

罗斯比波（长波，行星波）（Rossby waves）

对流层中、高层运动大气中形成的波长为2 485—3 728英里（4 000—6 000公里）的波动。

萨菲尔/辛普森飓风分级表 （Saffir–Simpson hurricane scale）

美国国家海洋和大气管理局的科学家们所设计的关于热带气旋

（飓风）强度的五级分级体系。

散射 （scattering）

光遇到空气分子和粒子时方向的改变。散射率与光波波长的4次方成正比。比波长小的粒子的散射率比大粒子小。

季节干旱 （seasonal drought）

气候上出现的由于全部或者大多数降水集中在一个季节而造成的干旱。

二次污染 （secondary pollutant）

初始污染物之间发生化学反应产生的大气污染。

雪球地球 （snowball Earth）

除了一些高山顶端外整个地表都被冰覆盖的地球。有些科学家认为这种现象在580—750百万年前出现过4次。

突发冰期 （snowblitz）

如果某些区域辽阔的地方冬雪没能在夏季及时消融，那么很有可能形成快速冰河期。未能消融的冰雪会将太阳照射时产生的热量和光照反射出去，由此保持了地面的低温；也因此导致下一冬季的冰雪继续积累在地面上，终年积雪的面积也会进一步扩大。

太阳常数 （solar constant）

地球大气层顶垂直于太阳光速的单位面积上（通常是每平方米）

接收到的太阳辐射能量。太阳常数不是一个严格意义上的常数,其最好的估计值是每平方米 1 367 瓦（1.98 朗里）。

特定比湿 （specific humidity）

单位质量空气中所含水汽质量,与空气质量的比值。

斯波勒极小值 （Spörer minimum）

指 1400 年到 1510 年期间很少有太阳黑子被观察到。与小冰期的蒙德尔极小值一样,这一时期的温度也偏低。

飑线 （squall line）

一系列发展强盛的积雨云合并形成带状,常达到 600 英里（965 公里）长,它的推进方向与飑线本身的延伸向垂直。

标准大气（标准大气压）（standard atmosphere）

海平面的平均大气压,假设温度是 59℉（15℃, 188.16K）的理想气体,重力加速度为 9.806 55 米/秒^2。标准大气压定义为 1.013 250 × 10^5 牛顿每平方米（=760 毫米汞柱）（29.921 3 英寸）（汞密度为每立方米 13.595 千克）, 14.61 磅每平方英寸,或 1 013.25 毫巴。

平流层顶 （stratopause）

区别于平流层与中间层的边界区,那儿温度不随高度改变。夏天,在赤道和两极地区上空约 34 英里（55 公里）处,在中纬度上空 31 英里（50 公里）处;冬天,在赤道上空 30 英里（48 公里）处和两极上空37英里（60公里）处。平流层顶的气压约为1毫巴。

平流层 （stratosphere）

对流层顶上面的一层，一直到达高空31英里（50公里）处。

升华 （sublimation）

冰直接变成水蒸气而无须经过液态阶段。

抽吸性涡旋 （suction vortex）

一股绕着龙卷风的主要涡旋以圆周运动的呈圆柱状的旋转气流。龙卷一般可以产生两个或两个以上的抽吸性涡旋。

超级单体 （super cell）

一种类型的对流单元，从非常厚重的积雨云中发展出来。上升气流以一定的角度上升到某一高度，因而降水不会直接往下落，而是落在这个上升气流的两边，因此此上升气流没有被抑制，允许单体继续发展。超级单体很容易产生龙卷。

超级台风 （super typhoon）

太平洋上覆盖面积超过300万平方英里（800万平方公里）的台风。

压板风速仪 （swinging-plate anemometer）

一种风速仪，在一个水平杆的末端有一块平的金属板，可以绕垂直轴自由移动,风向标固定在水平杆的另一端,以确保金属板始终与风向垂直。气压使金属板向内摆动,向内移动的距离可转化成风速,并从刻度上读出。

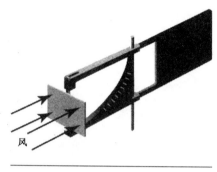

风

图46 压板风速仪

热成风 （thermal wind）

一种风,具体来说,是急流。当空气温度在很短的水平距离内变化很大时产生。冷暖空气并列排着,大气压力随高度的减少冷空气要比热空气来得快,因为冷空气压缩得更多。结果等压面从冷空气向上方暖空气倾斜,同时沿着冷空气向暖空气的梯度气层的厚度也增加。这种梯度随高度增加,随高度增加的冷空气压缩能力减小。由于地转风风速与气压梯度成正比,气压梯度随高度增加,地转风也必然增加。在北半球,冷空气在热成风的左边,在南半球则相反。

三圈环流模式 （three-cell model）

一般大气环流的描述,是大气运动方式比较好的近似。它包括三种类型的垂直环流。热带的哈得莱环流和高纬度的极地环流都是直接环流,直接由对流驱动,同时这两个环流也驱动它们之间的费雷尔环流。

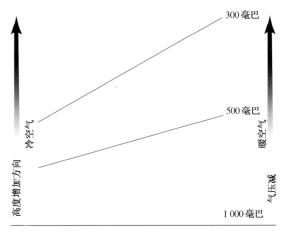

图47 热成风

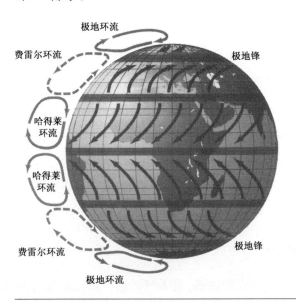

图48 三圈环流模式

信风 （trade winds）

在赤道的风，北半球为东北风，南半球为东南风。它们很稳定，尤其在大西洋东岸、太平洋和印度洋；北半球的平均风速为11英里/小时（18公里/小时），南半球为14英里/小时（22公里/小时）。

热带气旋 （tropical cyclone）

在热带广阔的气压低值区，能够产生的强风暴雨，是地球上最为猛烈的大气扰动系统。热带气旋的生成条件是大洋表层水温至少为80°F（27℃）如果低压区在赤道两边5°范围内，或高层有风切变阻碍气流上升，都不会产生热带气旋。

回归线 （tropics）

指南北纬23.5°的两条纬线，在纬度线上夏至日时太阳是直射的，在这两条线之间的地区一年中也有直射的时候。

对流层顶 （tropopause）

对流层和平流层之间的边界层。它在赤道上空的高度平均约为10英里（16公里），中纬度为7英里（11公里），两极为5英里（8公里）。

对流层 （troposphere）

从地面到对流层顶的一层大气，它包括了大气中几乎所有的水汽。风和对流使空气充分混合。

低压槽 （trough）

在天气图上,形状比较长的像舌头一样的,伸向高压区的系统。

台风 （typhoon）

形成于太平洋上的热带气旋。

紫外辐射（UV）（ultraviolet radiation）

波长在4—400纳米的电磁辐射。

顺转 （veering）

风以顺时针改变方向,如西南风转变为西北风。

涡度 （vorticity）

大量的流体在地球表面绕垂直轴转动的趋势,在气象学中,通常是指对于垂直轴而言的相对涡度。

沃克环流 （Walker circulation）

空气以一系列环流的形式沿纬圈作的微小连续的运动,出现在赤道与到南北半球30°之间。空气在西太平洋和东印度洋附近上升,到高空,上升气流变成两支,分别向东和向西流动,与附近的环流在东太平洋和西印度洋辐合。沃克环流造成印度尼西亚的湿润气候和南美西部的干旱气候。有些年这种模式会改变,太平洋上的沃克环流会倒置,其变化与南方涛动有关。

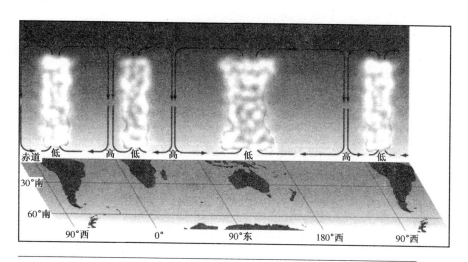

图49　沃克环流

墙云 （Wall cloud）

积雨云底部向下延伸的部分,当中尺度气旋内部的云向下伸展的时候,有可能产生龙卷。墙云起作用的地方,温暖而潮湿的空气被卷入上升气流,水汽凝结,气流呈气旋式旋转,由于辐合,没有降水。

暖云 （warm cloud）

温度全部都高于冰点的云。

水龙卷 （waterspout）

水面上旋转的水柱,很像龙卷,又比

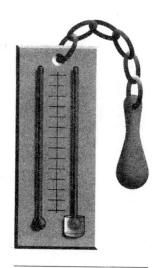

图50　手摇干湿表

水旋小。

手摇干湿表 （whirling psychrometer）

一种干湿计，空气通过干球和湿球都是由人工转动仪器来实现的。

纬向气流 （zonal flow）

一般来讲是指从西到东的几乎与纬度平行的空气运动。

附录

国际单位及单位转换

单 位 名 称		位量的名称	单位符号	转 换 关 系
基本单位	米	长度	m	1 米=3.280 8 英尺
	千克（千克）	质量	kg	1 千克=2.205 磅
	秒	时间	s	
	安培	电流	A	
	开尔文	热力学温度	K	1 K=1℃=1.8°F
	坎德拉	发光强度	cd	
	摩尔	物质的量	mol	
辅助单位	弧度	平面角	rad	$\pi/2$ rad=90°
	球面度	立体角	sr	
	库仑	电荷量	C	
	立方米	体积	m^3	1 米^3=1.308 码^3
	法拉	电容	F	

单 位 名 称		位量的名称	单位符号	转 换 关 系
辅助单位	亨利	电感	H	
	赫兹	频率	Hz	
	焦耳	能量	J	1焦耳=0.238 9卡路里
	千克每立方米	密度	kg·m^{-3}	1千克/立方米=0.062 4磅/立方英尺
	流明	光通量	lm	
	勒克斯	光照度	lx	
导出单位	米每秒	速度	m·s^{-1}	1米每秒=3.281英尺每秒
	米每二次方秒	加速度	m·s^{-2}	
	摩尔每立方米	浓度	mol·m^{-3}	
	牛顿	力	N	1牛顿=7.218磅力
	欧姆	电阻	Ω	
	帕斯卡	气压	Pa	1帕=0.145磅/平方英寸
	弧度每秒	角速度	rad·s^{-1}	
	弧度每二次方秒	角加速度	rad·s^{-2}	
	平方米	面积	m^2	1米^2=1.196码^2
	特斯拉	磁通量密度	T	
	伏特	电动势	V	
	瓦特	功率	W	1 W=3.412 Btu·h^{-1}
	韦伯	磁通量	Wb	

国际单位制使用的前缀（放在国际单位的前面从而改变其量值）

前　缀	代　码	量　值	前　缀	代　码	量　值
阿　托	a	$\times 10^{-18}$	德　西	d	$\times 10^{-1}$
费　托	f	$\times 10^{-15}$	德　卡	da	$\times 10$
区　高	p	$\times 10^{-12}$	海　柯	h	$\times 10^{2}$
纳　若	n	$\times 10^{-9}$	基　罗	k	$\times 10^{3}$
马　高	μ	$\times 10^{-6}$	迈　伽	M	$\times 10^{6}$
米　厘	m	$\times 10^{-3}$	吉　伽	G	$\times 10^{9}$
仙　特	c	$\times 10^{-2}$	泰　拉	T	$\times 10^{12}$

热带气旋的名字

〔如果某个热带气旋造成较大的影响，最受影响的国家可以请求世界气象组织把名字从列表中撤去，使得该名字在历史参考资料中明确地特指某个风暴，方便保险索赔和诉讼。一个名字一旦撤出列表，至少10年内不能再使用；同时替换上一个同一性别和同一语种（英语、法语、西班牙语）的名字。〕

大西洋

2003	2004	2005	2006	2007	2008
安娜	阿勒丝	阿勒尼	阿尔伯土	阿力森	亚瑟
比尔	波尼	不拉特	伯勒	巴力	贝莎
克劳的特	查理	新地	克来丝	常特	克里斯特弗
丹尼	丹尼勒	登尼丝	得比	地呃	都利
阿卡	哦阿	艾米里	呃逆丝都	艾林	俄道特
法比安	法兰西丝	富兰克林	夫勒仁斯	菲里克丝	菲
格雷斯	嘎丝顿	格特	勾顿	嘎布理勒	古斯对乌
亨利	何迈	哈乌	黑伦	亨伯托	哈拿

熠撒贝尔	唉宛	艾勒尼	艾萨克	艾瑞斯	埃克
娟	基讷	周滋	就斯	耶里	约瑟伐恩
凯特	卡尔	卡垂纳	科克	卡伦	基乐
拉里	莉萨	李	雷斯里	罗仑租	莉莉*
敏地	马苏	玛芮纳	米雪儿	米歇尔	马柯
尼科拉丝	尼克勒	雷特	纳定	诺额	娜娜
哦的特	奥托	欧飞亚	奥斯卡	欧嘎	欧马
皮特	呛拉	菲利皮	帕体	帕步勒	帕罗马
罗斯	理查德	莱塔	拉菲儿	热比卡	雷尼
萨姆	沙里	丝丹	桑地	塞巴斯迪恩	塞利
特若撒	汤姆丝	塔米	土尼	汤亚	泰第
维克多	付机尼	纹丝	瓦勒来	万恩	维基
万达	瓦尔特	维尔马	威廉	温第	外尔弗瑞特

东北太平洋

2003	2004	2005	2006	2007	2008
安德斯	阿嘎萨	阿缀恩	阿雷塔	阿尔文	阿尔玛
布兰克	布拉斯	比尔缀斯	布得	芭芭拉	鲍里斯
卡洛斯	塞利亚	科尔文	卡勒塔	扣斯米	克里斯瑞纳
多勒日丝	达比	多拉	丹尼尔	丹里拉	道格拉斯
恩瑞克	埃斯特勒	欧葛尼	艾米利亚	恩里克	埃里达
费力夏	弗兰克	佛娜达	法比尔	弗勒希尔	佛斯多
贵勒莫	佐治亚特	格勒格	基尔马	基勒	基尼维尔维
海勒大	郝弗	西雷利	黑科特	亨瑞特	荷楠
埃格纳西尔	埃斯埃斯	爱里温	爱现亚娜	爱沃	埃斯勒
基门娜	贾维尔	佐瓦	约翰	朱丽亚特	朱里茨
开文	开依	肯尼斯	克里斯蒂	开柯	卡瑞纳
琳达	雷斯特	里第亚	雷尼	劳伦纳	罗维尔
玛梯	马德莱恩	麦克斯	麦里尔姆	麦纽尔	玛瑞
诺拉	牛顿	诺马	诺曼	娜达	诺伯特
欧拉夫	欧琳	欧提斯	欧里维亚	欧克特维	欧蒂勒
帕吹丝亚	佩尼	皮勒	保罗	普瑞特拉	保罗

里克	罗斯林	拉莫恩	罗萨	雷蒙德	拉切尔
沙恩查	赛木尔	塞尔马	瑟基欧	索尼亚	西蒙
特里	泰娜	托蒂	塔拉	蒂克	特鲁第
维维西恩	佛基尔	维勒尼卡	维森特	维尔马	万斯
瓦尔都	温妮弗雷德	威里	维拉	沃里斯	温妮
西娜	匝维尔	西娜	匝维尔	西娜	匝维尔
约克	约兰达	约克	约兰达	约克	约兰达
则尔达	则克	则尔达	则克	则尔达	则克

中北太平洋

(这些名字按照列表的顺序使用；用完一列名字的最后一个时，接着使用下一列名字，不管年份。)

List1	List2	List3	List4
阿科尼	阿卡	阿利卡	安娜
艾玛	埃克卡	埃莱	埃拉
哈娜	哈里	户克	哈洛拉
埃欧	埃欧拉纳	埃欧克	埃尤尼
克里	克欧尼	开卡	基莫
拉拉	李	拉纳	罗克
莫克	美克	马卡	马里亚
尼利	诺娜	内基	尼亚拉
欧卡	欧里瓦	欧雷卡	欧扣
佩克	帕卡	佩尼	帕里
尤雷克	乌帕纳	乌里亚	乌里卡
哇拉	韦尼	瓦里	瓦拉卡

西北太平洋

(共有5列；名字不按年份而按顺序使用，每行的名字由该区域的一个国家提供。)

国家	I	II	III	IV	V
柬埔寨	达维	康妮	娜基莉	科罗旺	沙莉嘉
中国	龙王	玉兔	风神	杜鹃	海马
朝鲜	鸿雁	桃芝	海鸥	鸣蝉	米雷
中国香港	启德	万宜	凤凰	彩云	马鞍

日本	天秤	天兔	北冕	巨爵	蝎虎
老挝	布拉万	帕布	巴蓬	凯萨娜	洛坦
中国澳门	珍珠	蝴蝶	黄蜂	芭玛	梅花
马来西亚	杰拉华	圣帕	鹿莎	茉莉	苗柏
密克罗尼西亚	艾云尼	菲特	森拉克	尼伯特	南玛都
菲律宾	碧利斯	丹娜丝	黑格比	卢碧	塔拉斯
韩国	格美	百合	蔷薇	苏特	奥鹿
泰国	派比安	韦帕	米克拉	妮妲	玫瑰
美国	玛莉亚	范斯高	海高斯	奥麦斯	洛克
越南	桑美	利奇马	巴威	康森	桑卡
柬埔寨	宝霞	罗莎	美莎克	灿都	纳沙
中国	悟空	海燕	海神	电母	海棠
朝鲜	清松	杨柳	凤仙	蒲公英	尼格
中国香港	珊珊	玲玲	欣欣	婷婷	榕树
日本	摩羯	剑鱼	鲸鱼	圆规	天鹰
老挝	象神	法茜	灿鸿	南川	麦莎
中国澳门	贝碧嘉	画眉	莲花	玛瑙	珊瑚
马来西亚	温比亚	塔巴	浪卡	莫兰蒂	玛娃
密克罗尼西亚	苏力	米娜	苏迪罗	云娜	古超
菲律宾	西马仑	海贝思	伊布都	马勒卡	泰利
韩国	飞燕	浣熊	天鹅	鲇鱼	彩蝶
泰国	榴莲	威马逊	翰文	暹芭	卡努
美国	尤特	查特安	艾涛	库都	韦森特
越南	潭美	夏波	环高	桑达	苏拉

西澳大利亚

(对所有的澳大利亚风暴按序使用这些名字,全部用完后再从头开始。)

阿德莱恩	阿里森	亚里克斯
伯提	比利	贝斯
克莱尔	卡斯	克莱斯
黛尔瑞	戴米厄恩	蒂安妮
埃玛	埃雷恩	埃罗尔

弗洛伊德	弗洛德里克	方尔纳
葛兰达	古文达	格兰汗姆
胡伯特	哈密石	哈里亚特
埃叟贝尔	埃尔萨	埃尼格
雅克比	约翰	贾纳
克斯蒂	基里利	肯
李	里恩	琳达
梅雷尼	玛西亚	莫恩梯
尼克拉斯	诺曼	尼克
欧非里亚	欧尔嘎	奥斯卡
帕恩克	保勒	缶比
罗恩达	罗斯塔	雷蒙德
寒温	萨姆	萨里
泰佛尼	塔林	梯姆
维克多	文森特	维维尔尼
则里亚	瓦尔特	维里

北澳大利亚

阿美里亚	阿里斯带尔
步如诺	博尼
阔尼	克莱格
多米尼克	戴比
埃斯瑟	埃方
佛德南得	费
格雷特	佐治亚
海克特	海伦
贾森	亚斯迈恩
埃玛	埃拉
可依	基姆
劳伦斯	劳拉
玛里亚恩	马特
内维尔	那雷勒

哦里乌	欧斯瓦尔德	
菲尔	佩尼	
拉切尔	拉塞尔	
席得	沙查	
塞玛	特沃	
万斯	瓦雷里亚	
文桑姆	沃维克	

东澳大利亚

阿费的	安恩	阿比盖勒
布兰赤	布鲁斯	博尼
查里斯	塞斯里	克劳蒂亚
登尼斯	丹尼斯	得斯
厄尼	埃德纳	埃瑞卡
弗兰瑟斯	佛格斯	弗里兹
格勒格	基里尔恩	格雷斯
喜尔达	哈罗德	哈维
埃万	埃塔	因格雷得
乔尔斯	加斯定	吉姆
开尔文	卡垂纳	凯特
里萨	雷斯	拉瑞
马柯斯	梅	莫尼卡
诺拉	纳萨恩	尼勒桑
欧文	欧琳达	欧蒂特
保里	皮特	皮尔瑞
罗切斯特	罗纳	雷比卡
莎特	沙地	斯蒂弗
塞尔多	特斯	塔尼亚
维里梯	沃汗恩	佛农
瓦勒斯	外尔瓦	温蒂

斐济

(A列到D列不分年份按序使用,E列是备用替换的名字,需要的时候使用。)

A	B	C	D	E
阿米	亚瑟	阿图	阿兰	阿莫斯
贝尼	比基	伯比	巴特	布尼
斯拉	克里弗	塞利	寇拉	克莱斯
都维	丹蒙	追娜	丹尼	达弗尼
埃瑟塔	埃里萨	埃万恩	埃拉	埃瓦
菲里	弗纳	弗雷达	弗兰克	
吉纳	基尼	嘎文	基塔	
黑塔	黑提	海伦斯	哈里	
艾卫	埃尼斯	埃恩	埃里斯	
朱蒂	约尼	军恩	乔	
凯瑞	肯	克利	吉姆	
娄拉	林恩	鲁斯	里欧	
米娜	麦友	马丁	莫纳	
南茜	尼沙	努特	内勒	
欧拉弗	欧里	欧斯依	欧玛	
皮尔斯	帕特	帕姆	保拉	
瑞	瑞尼	柔恩	瑞塔	
希拉	莎拉	苏珊	萨姆	
塔姆	汤姆斯	图依	特瑞纳	
乌米尔	尤莎	乌苏拉	尤卡	
外阿努	瓦尼亚	维里	维基依	
瓦提	维尔玛	维斯	瓦尔特	
雅尼	亚斯	亚里	尤兰得	
慈塔	查卡	组曼恩	佐依	

巴布亚新几内亚

(按顺序使用各列)

A	B
埃皮	阿布达

基尤巴	埃茂
埃拉	基尤勒
卡玛	埃勾
马特瑞	卡米特
落维	泰欧勾
塔口	尤米
乌皮亚	

参考书目及扩展阅读书目

"Air Pollution." Fact Sheet No. 187. Geneva: World Health Organization, September 2000. www.who.int/inf-fs/en/fact187.html.

"The Air Quality Index." Available on-line. URL: www.apcd.org/aq/aqi.html.Revised September 6, 2002.

Allaby, Michael. *Dangerous Weather: Blizzards.* New York: Facts On File,2004.

——. *A Change in the Weather.* New York: Facts On File, 2004.

——. *Droughts.* New York: Facts On File, 2003.

——. *Floods.* New York: Facts On File, 2003.

——. *Fog, Smog, and Poisoned Rain.* New York: Facts On File, 2003.

——. *Hurricanes.* New York: Facts On File, 2003.

——. *Tornadoes.* New York: Facts On File, 2004.

——. *The Facts On File Weather and Climate*

Handbook. New York: Facts On File, 2002.

———. *Encyclopedia of Weather and Climate.* 2 vols. New York: Facts On File, 2001.

———. *Basics of Environmental Science.* New York: Routledge, 2nd ed., 2000.

———. *Deserts.* New York: Facts On File, 2000.

———. *Temperate Forests.* New York: Facts On File, 1999.

———. *Elements: Earth.* New York: Facts On File, 1993.

———. *Elements: Fire.* New York: Facts On File,1993.

———. *Elements: Water.* New York: Facts On File,1992.

American Lung Association. "Major Air Pollutants." *State of the Air 2002.* Available on–line. URL: www.lungusa.org/air/envmajairpro.html. October 22, 2002.

American Wind Energy Association. Available on–line. URL: www. awea.org.Updated September 13, 2002.

Arnold, J.B., G. Wall, N. Moore,C.S.Baldwin, and I. J. Shelton. "Soil Erosion — Causes and Effects." Ministry of Agriculture and Food, Government of Ontario. Available on–line. URL: www.gov.on.ca/ OMAFRA/english/engineer/facts/87–040.htm. Last reviewed 1996; accessed November 6, 2002.

Ayscue, Jon K. "Hurricane Damage to Residential Structures: Risk and Mitigation: Natural Hazards Research Working Paper #4." Natural Hazards Research and Applications Information Center, Institute of Behavioral Science, University of Colorado. Available on–line. URL: www.

colorado. edu/hazards /wp/wp94/wp94.html. November 1996.

Baird, Stuart. "Wind Energy." Energy Fact Sheet. Energy Educators of Ontario. Available on–line. URL: www.iclei.org/efacts/wind.htm. Accessed October 22,2002.

———. "Ocean Energy Systems." Energy Fact Sheet. Energy Educators of Ontario. Available on–line. URL: www.iclei.org/efacts/ocean. htm. Accessed October 22, 2002.

Bapat, Arun. "Dams and Earthquakes." *Frontline*, vol. 16, no. 27, 1999–2000. Available on–line. URL: www.flonnet.com/ fl1627/16270870.htm. Accessed November 6, 2002.

Barry, Roger G., and Richard J. Chorley. *Atmosphere, Weather & Climate.* 7th ed. New York: Routledge, 1998.

"The Beaufort Scale." Available on–line. URL: www.met–office.gov/ uk/education/historic/beaufort.html. Accessed November 2, 2002.

"Beaufort Wind Scale." Available on–line. URL: www.psych.usyd. edu.au/vbb/woronora/maritime/beaufort.html. Accessed November 2,2002.

Bell, Ian, and Martin Visbeck. "North Atlantic Oscillation." Columbia University. Available on–line. URL: www.Ideo.columbia.edu/ NAO/main. html. Accessed November 27, 2002.

"Bernoulli's Principle." Available on–line. URL: www.mste.uiuc. edu/davea/aviation/bernoulliPrinciple.html. Accessed November 2, 2002.

Bijlsma, Floris, Herman Harperink, and Bernard Hulshof. "About Lightning." Dutch Storm Chase Team. Available on–line. URL: www. stormchasing. nl/lightning. html. Accessed November 4, 2002.

Bluestein, Howard B. *Tornado Alley: Monster Storms of the Great Plains.* New York: Oxford University Press, 1999.

Brewer, Richard. *The Science of Ecology.* 2d ed. Ft. Worth: Saunders College Publishing, 1994.

British Antarctic Survey. Natural Environment Research Council. Home Page. Available on–line. URL: www.antarctica.ac.uk/Living_and_Working/Stations. Accessed November 13, 2002.

Bryant, Edward. *Climate Process & Change.* Cambridge, U.K.: Cambridge University Press, 1997.

Burroughs, William James. *Climate Change: A Multidisciplinary Approach.*

Cambridge, U.K.: Cambridge University Press, 2001.

Campbell, Neil A. *Biology.* 3d ed. Redwood City, Calif.: Benjamin/Cummings, 1993.

Cane, H. "Hurricane Alley." Available on–line. URL: www.hurricanealley.net. Accessed November 2, 2002.

Cane, Mark A. "ENSO and Its Prediction: How Well Can We Forecast It?"

Available on–line. URL: www.brad.ac.uk/research/ijas/ijasno2/cane.html. Accessed October 23, 2002.

Capella, Chris. "Dance of the Storms: The Fujiwhara Effect." Available on–line. URL: www.usatoday.com/weather/wfujiwha/htm. Accessed January 6, 1999.

"Climate Effects of Volcanic Eruptions." Available on–line. URL:

www.geology.sdsu.edu/how_volcanoes_work/climate_effects.html.
Accessed October 21, 2002.

CNN Interactive. "Deadly Smog 50 Years Ago in Donora Spurred
Clean Air Movement." Available on–line. URL: www.dep.state.pa.us/dep/
Rachel_Carson/clean_air.htm. October 27, 1998.

Colbeck, I., and A. R. MacKenzie. "Chemistry and Pollution of the
Stratosphere." In Harrison, Roy M., ed. *Pollution: Causes, Effects and
Control.* 2d ed London: Royal Society of Chemistry, 1990.

Corfidi, Steve. "A Brief History of the Storm Prediction Center."
NOAA. Available on–line. URL: www. spc.noaa.gov/history/early.html.
Accessed January 30, 2003.

Danish Wind Industry Association. "Wind Energy: Frequently Asked
Questions." Available on–line. URL: www.windpower.org/faqs.htm.April
17, 2002.

"Desalination—Producing Potable Water." Available on–line. URL:
http://resources.ca.gov/ocean/97Agenda/Chap5Desal.htm. Accessed
October 25, 2002.

Doddridge, Bruce. "Urban Photochemical Smog." Available on–line.
URL: www.meto.umd.edu/ ~ bruce/m1239701.html. February 6, 1997.

"Dry Farming." Available on–line. URL: www.rootsweb.
com/ ~ coyuma/data/souvenir/farm.htm. Accessed October 24, 2002.

"The Dust Bowl." Available on–line. URL: www.usd.edu/anth/epa/
dust.html. Accessed October 24, 2002.

Dutch, Steven. "Glaciers." Available on–line. URL: www.uwgb.edu/

dutchs/202ovhds/glacial.htm. Updated November 2, 1999.

Eberlee, John. "Investigating an Environmental Disaster: Lessons from the Indonesian Fires and Haze." *Reports: Science from the Developing World.* International Development Research Centre, October 9, 1998. Available on-line. URL: www.idrc.ca/reports/read_article_english.cfm?article_num=283.

Ecological Society of America. "Acid Rain Revisited: What Has Happened Since the 1990 Clear Air Act Amendments?" Available on-line. URL: www.esa.org/education/edupdfs/acidrainrevisited.pdf. Accessed March 10, 2003.

Emiliani, Cesare. *Planet Earth: Cosmology, Geology, and the Evolution of Life and Environment.* Cambridge: Cambridge University Press, corrected and updated 1995.

———. *The Scientific Companion: Exploring the Physical World with Facts, Figures, and Formulas.* 2d ed. New York: John Wiley, 1995.

Eumetsat. Available on-line. URL: www.eumetsat.de. Accessed January 14, 2003. Factors Influencing Air Pollution. " Available on-line. URL: www.marama.org/atlas/factors.html. Updated November 17, 1998.

"Facts about Antarctica." Available on-line. URL: ast.leeds.ac.uk/haverah/spaseman/faq.shtml. Accessed October 23, 2002.

Faoro, Margaret. "HEVs (Hybrid Electric Vehicles)." University of California. Irvine, February 2002. Available on-line. URL: http://darwin.bio.uci.edu/ ~ sustain/global/sensem/Faoro202.htm.

Fink, Micah. "Extratropical Storms." Available on-line. URL: www.

pbs.org/wnet/savageplanet/02storms/01extratropical/indexmid.html.

"Flue Gas Desulfurization (FGD) for SO_2 Control." Available on-line. URL: www.iea-coal.org.uk/CCT database/fgd.htm. Accessed October 22, 2002.

Foth, H. D. *Fundamentals of Soil Science.* 8th ed. New York: John Wiley, 1991.

"Fuel Cells 2000: The On-line Fuel Cell Information Center." Available on-line.URL: www.fuelcells.org. Updated October 21, 2002.

Fuelcellstore.com. "Hydrogen Storage." Available on-line. URL: www.fuelcellstore.com/information/hydrogen_storage.html. Accessed October 22, 2002.

"General Circulation of the Atmosphere." Available on-line. URL: http://cimss.ssec.wisc.edu/wxwise/class/gencirc.html. October 2002.

Geoscience Australia. "Tsunamis." Available on-line. URL: www.agso.gov.au/factsheets/urban/20010821_7.jsp. Updated September 15, 2002.

GISP2 Science Management Office. "Welcome to GISP2: Greenland Ice Sheet Project 2." Climate Change Research Center, Institute for the Study of Earth, Oceans and Space, University of New Hampshire. Available on-line. URL: www.gisp2.sr.unh.edu/GISP2. Updated March 1, 2002.

Goodman, Jason. "Statistics of North Atlantic Oscillation Decadal Variability." Massachusetts Institute of Technology. Available on-line. URL: www.mit.edu/people/goodmanj/NAOI/NAOI.html. February 23,

1998.

Gordon, John Mark Niles, and LeRoy Schroder. "USGS Tracks Acid Rain." USGS Fact Sheet FS–183–95. Available on–line. URL: btdqs. usgs.gov/precip/arfs.htm. Accessed October 21, 2002.

"Greenland Guide Index." Available on–line. URL: www.greenland–guide.gl/default.htm. Accessed October 29, 2002.

Hamblyn, Richard. *The Invention of Clousd*. New York: Farrar, Straus & Giroux, 2001.

Harrison, Roy M., ed. *Pollution: Causes, Effects and Control*. 3d ed. London: Royal Society of Chemistry, 1996.

Hartwick College. "Ice Ages and Glaciation." Available on–line. URL: http://info.hartwick.edu/geology/work/VFT–so–far/glaciers/glacierl. html. Accessed November 19, 2002.

Hayes, William A., and Fenster, C. R. "Understanding Wind Erosion and Its Control." Cooperative Extension, Institute of Agriculture and Natural Resources, University of Nebraska. Available on–line. URL: www. ianr.unl.edu/pubs/soil/g474.htm. August 1996.

"Hazards: Storm Surge." Available on–line. URL: hurricanes/noaa. gov/prepare/surge.htm. Accessed November 5, 2002.

Heck, Walter W. "Assessment of Crop Losses from Air Pollutants in the United States." In Mackenzie, James J., and Mohamed T.EL–Ashry, eds. *Air Pollution's Toll on Forests & Crops*. New Haven, Conn.: Yale University Press, 1989.

Heidorn, Keith C. "Luke Howard." Available on–line. URL: www.

islandnet.com/ ~ see /weather/history/howard.htm.May 1, 1999.

Helfferich, Carla. " Beaufort's Scale: Article #911." Alaska Science Forum, University of Alaska, Fairbanks. Available on–line. URL: www. gi.alaska. edu/ScienceForum/ASF9/911.html. February 2,1989.

———. "Consequences of Kuwait's Fires: Article #1051." Alaska Science Forum, University of Alaska, Fairbanks. October 10, 1991. Available on–line. URL: www.gi.alaska.edu/ScienceForum/ASF10/1051. html.

Henderson–Sellers, Ann, and Peter J. Robinson. *Contemporary Climatology.* New York: John Wiley, 1986.

Herring, David, and Robert Kannenberg. "The Mystery of the Missing Carbon." NASA, Earth Observatory, 2002. Available on–line. URL: http:// earthobservatory.nasa.gov/Study/BOREASCarbon. Accessed November 2, 2002.

Hillger, Don. "Geostationary Weather Satellites." Colorado State University. Available on–line. URL: www.cira.colostate.edu/ramm/hillger/ geo–wx.htm.Updated December 27, 2002.

———. "Polar–orbiting weather satellites." Colorado State University. Avail–able on–line. URL: www.cira.colostate.edu/ramm/hillger/polar–wx. htm.Updated January 13, 2003.

"History of the Dustbowl." Available on–line. URL: www.ultranet. com/ ~ gregjonz/dust/dustbowl.htm. Accessed October 24, 2002.

Hoare, Robert. "World Climate." Buttle and Tuttle Ltd. 2001. Available on–line. URL: www.worldclimate.com/worldclimate. Updated

October 2, 2001.

Hoffman, Paul F., and Daniel P. Schrag. "The Snowball Earth." Harvard University. Available on–line. URL: www.eps.harvard.edu/people/faculty/hoffman/snowball_paper.html. August 8, 1999.

Holder, Gerald D., and P. R. Bishnoi, eds. *Challenges for the Future: Gas Hydrates*, vol. 912 of the *Annals of the New York Academy of Sciences*. New York: New York Academy of Sciences, 2000.

Houghton, J. T., Y. Ding, D. J. Griggs, M, Noguer, P.J. van der Linden, X. Dai, K. Maskell, and C. A. Johnson. *Climate Change 2001⊡ The Scientific Basis*. Cambridge: Cambridge University Press for the Intergovernmental Panel on Climate Change, 2001.

"How Hurricanes Do Their Damage." Available on–line. URL: hpccsun.unl.edu/nebraska/damage.html. Accessed November 2, 2002.

"Hurricane." American Red Cross, 2001. Available on–line. URL: www.redcross.org/services/disaster/keepsafe/readyhurricane.html. Accessed November 2, 2002.

Hybrid Electric Vehicle Program, Department of Energy, 2002. "What Isan HEV?" Available on–line. URL: www.ott.doe.gov/hev/what.html. Accessed October 22, 2002.

Idso, Graig D., and Keith E. Idso. "There Has Been No Global Warming for the Past 70 Years," *World Climate Report*, vol. 3, no. 13, July 2000. www.co2science.org/edit/v3_edit/v3n13edit.htm.

Intergovernmental Panel on Climate Change (IPCC), Working Group Ⅱ. "Summary for Policymakers: Climate Change 2001: Impacts,

Adaptation, and Vulnerability." Available on–line. URL: www.ipcc.ch/ pub/wg2SPMfinal.pdf. Accessed November 5, 2002.

International Institute for Applied Systems Research. "Cleaner Air for a Cleaner Future: Controlling Transboundary Air Pollution." Available on–line. URL: www.iiasa.ac.at/Admin/INF/OPT/Summer98/negotiations. htm.Accessed October 22,2002.

Kaplan, George. "The Seasons and the Earth's Orbit — Milankovitch Cycles." U.S. Naval Observatory, Astronomical Applications Department. Available on–line. URL: http://aa.usno.navy.mil/faq/docs/seasons_orbit. html. Last modified on March 14, 2002.

Kennedy, Martin. "A Curve Ball into the Snowball Earth Hypothesis?" *Geology,* December 2001. Geological Society of America. Summary available on–line. URL: www.sciencedaily.com/releases/2001/12/011204072512.htm. December 4, 2001.

Kent, Michael. *Advanced Biology.* New York: Oxford University Press, 2000.

Kid's Cosmos. "Channeled Scablands." Available on–line. URL: www.kidscosmos.org/kid–stuff/mars–trip–scablands.html. Accessed November 20, 2002.

Knauss, John A. *Introduction to Physical Oceanography.* 2d ed. Upper Saddle River, N.J.: Prentice Hall, 1997.

Lamb, H. H. *Climate, History and the Modern World.* 2d ed. New York: Routledge, 1995.

Lash, Gary. "Thunderstorms and Tornadoes." Fredonia State

University. Available on–line. URL: www.geocities.com/CapeCanaveral/ Hall.6104/tstorms.html. Accessed November 29, 2002.

Leung, George. "Yellow River: Geographic and Historical Settings," from "Reclamation and Sediment Control in the Middle Yellow River Valley," *Water International*, vol. 21, no. 1, pp. 12–19, March 1996. Available on–line. URL: www.cis.umassd.edu/ ~ gleung/geofo/geogren. html.

Libbrecht, Ken. "Snow Crystals: Snow Crystal Classifications." California Institute of Technology. Available on–line. URL: www.its. caltech.edu/ ~ atomic/snowcrystals/class/class.htm.Accessed January 30, 2003.

Lomborg, Bjørn. *The Skeptical Environmentalist.* Cambridge: Cambridge University Press, 2001.

Lovelock, James E. *Gaia: A New Look at Life on Earth.* 2d ed .New York: Oxford University Press, 2000.

———. *The Ages of Gaia.* New York: Oxford University Press, 1989.

Lutgens, Frederick K., and Edward J. Tarbuck. *The Atmosphere.* 7th ed. Upper Saddle River, N. J.: Prentice–Hall, 1998.

Mantua, Nathan. "The Pacific Decadal Oscillation (PDO)." NOAA Climate Prediction Center. Available on–line. URL: http://tao.atmos. washington.edu/pdo.January 2000.

———. "The Pacific Decadal Oscillation and Climate Forecasting for North America." Joint Institute for the Study of the Atmosphere and Oceans, University of Washington, Seattle. Available on–line. URL: www.

astmos.washington.edu/~mantua/REPORTS/PDO/PDO_cs.htm. August 1, 2000.

Mason, C. F. *Biology of Freshwater Pollution.* 2d ed. New York: John Wiley, 1991.

McCully, Patrick. "About Reservoir–Induced Seismicity." *World Rivers Review,* vol. 12, no. 3, June 1997. Available on–line. URL: www. irn.org/pubs/wrr/9706/ris/html. Accessed November 6, 2002.

McIlveen, Robin. *Fundamentals of Weather and Climate.* London: Chapman & Hall, 1992.

Mellanby, Kenneth. *Waste and Pollution: The Problem for Britain.* London: HarperCollins, 1992.

Michaels, Patrick J. "Carbon Dioxide: A Satanic Gas? " Testimony to the Subcommittee on National Economic Growth, Natural Resources and Regulatory Affairs, U.S. House of Representatives, October 6, 1999. Available on–line. URL: www.cato.org/testimony/ct–pm100699.html. Accessed November 2, 2002.

Michaels, Patrick J., and Robert C. Balling, Jr. *The Satanic Gases: Clearing the Air about Global Warming.* Washington, D.C.: Cato Institute, 2000.

Miller, Paul R. "Concept of Forest Decline in Relation to Western U.S. Forests." In MacKenzie, James J., and Mohamed T. El-Ashry, eds. *Air Pollution's Toll on Forests & Crops.* New Haven, Conn.: Yale University Press, 1989.

Moore, David M., ed. *Green Planet.* Cambridge: Cambridge

University Press, 1982.

Moore, Peter D. *Wetlands*. New York: Facts On File, 2000.

Murray, Lucas. "Mesocyclone." Available on–line. URL: www.geo. arizona.edu/~/lmurray/g256/vocab/mesocyclone.html. Updated December 3, 2001.

NASA. "Earth's Fidgeting Climate." Science@NASA. Available on–line. URL: http://Science.nasa.gov/headlines/y2000/ast20oct_1.htm. Posted October 20, 2000.

———. "Hydrologic Cycle." NASA's Observatorium. Available on–line. URL: http://observe.arc.nasa.gov/nasa/earth/hydrocycle/hydro2.html. Accessed November 12, 2002.

National Oceanic and Atmospheric Administration. "Billion Dollar U.S. Weather Disasters, 1980–2001." Available on–line. URL: http:// lwf.ncdc.noaa.gov/oa/reports/billionz.html. National Climatic Data Center, January 1, 2002.

———. "Impacts of El Nin~o and Benefits of El Niño Prediction." Available on–line. URL: www.pmel.noaa.gov/tao/elnino/impacts.html. Spring 1994.

National Science Foundation. "Lake Vostok." NSF Fact Sheet, Office of Legislative and Public Affairs. Available on–line. URL: www.nsf. gov/od/lpa/news/02/fslakevostok.htm. May 2002.

"Natural Air Pollution." Available on–line. URL: www.doc.mmu. ac.uk/aric/eae/Air_Quality/Older/Natural_Air_Pollution.html. Accessed October 21, 2002.

New Scientist. "Snowball Earth." Available on-line. URL: http://xgistor.ath.cx/files/ReadersDigest/snowballearth.html.*New Scientist,* November 6, 1999.

"Nuclear Fusion Basics." Available on-line. URL: www.jet.efda.org/pages/content/fusion1.html. Accessed October 22, 2002.

"Ocean Surface Currents: Introduction to Ocean Gyres. " Available on-line. URL: http://oceancurrents.rsmas.miami.edu/ocean-gyres.html. Accessed November 12, 2002.

Oke, T. R.*Boundary Layer Climates.* 2d ed. New York: Routledge, 1987.

Oliver, John E., and John J. Hidore. *Climatology: An Atmospheric Science.* 2d ed. Upper Saddle River, N.J.: Prentice Hall, 2002.

O'Mara, Katrina, and Philip Jennings. "Ocean Thermal Energy Conversion." Australian CRC for Renewable Energy Ltd., June 1999. Available on-line. URL: http://acre.murdoch.edu.au/refiles/ocean/text.html.

Palmer, Chad. "How the Jet Stream Influences the Weather." *USA Today.* Available on-line. URL: www.usatoday.com/weather/wjet.htm. August 11,1997.

Patel, Trupti. "Bhopal Disaster." The Online Ethics Center for Engineering and Science at Case Western Reserve University. Available on-line. URL: http://onlineethics.org/environment/bhopal.html. Updated September 6, 2001.

Peterken, George F. *Natural Woodland.* Cambridge: Cambridge

University Press, 1996.

Pettit, Paul. "WeatherConsulting." Available on–line. URL: www. weatherconsultant.com/Feature10.html. Accessed January 14, 2003.

"The Ramsar Convention on Wetlands." Available on–line. URL: www.ramsar.org. Updated November 6, 2002.

Rekenthaler, Doug. "The Storm That Changde America: The Galveston Hurricane of 1900." DisasterRelief.org. Available on–line. URL: www.disasterrelief.org/Disasters/980813Galveston. Posted August 15, 1998.

Robinson, Peter J., and Ann Henderson–Sellers. *Contemporary Climatology.* 2d ed. New York: Prentice Hall, 1999.

Rosen, Harold A., and Deborah R. Castleman. "Flywheels in Hybrid Vehicles." *Scientific American,* October 1997. Available on–line. URL: www.sciam.com/1097issue/1097rosen.html.

Rosenberg, Matt. "Polders and Dykes of the Netherlands. " About. com. Available on–line. URL: http://geography.about.com/library/weekly/ aa033000a.htm. Accessed November 5, 2002.

Ruddiman, William F.*Earth's Climate, Past and Future.* New York: W. H. Freeman, 2001.

Schneider, Stephen H., ed. *Encyclopedia of Climate and Weather.* 2 vols. New York: Oxford University Press, 1996.

Science and Technology. "Structure and Dynamics of Supercell Thunderstorms." National Weather Service. Available on–line. URL: www.crh.noaa.gov/lmk/soo/docu/supercell.htm. Accessed December 9,

2002.

Seismology Research Centre. "Dams and Earthquakes." Available on-line. URL: www.seis.com.au/Basics/Dams.html. Last modified October 30, 2002.

Sloan, E. Dendy, Jr., John Happel, and Miguel A. Hnatow, eds. *International Conference on Natural Gas Hydrates*, vol.715 of the *Annals of the New York Academy of Sciences*. New York: New York Academy of Sciences, 1994.

Sohl, Linda, and Mark Chandler. "Did the Snowball Earth Have a Slushball Ocean?" Goddard Institute for Space Studies. Available on-line. URL: www.giss.nasa.gov/research/intro/sohl_01. Last modified November 12, 2002.

Spokane Outdoors. "Channeled Scablands Theory." Available on-line. URL: www.spokaneoutdoors.com/scabland.htm. Accessed November 20, 2002.

Srinivasan, Margaret, and Kristy Kawasaki. "Science—El Niño/ La Niña and PDO." Jet Propulsion Laboratory, NASA. Available on-line. URL: topex-www.jpl.nasa.gov/science/pdo.html. Updated May 14, 2002.

Thieler, E. Robert, and Erika S. Hammer-Klose. "National Assessment of Coastal Vulnerability to Sea-Level Rise." U.S. Geological Survey. Available on-line. URL: http://pubs.usgs.gov/of/of 99-593.

Thomas, Keith. *Man and the Natural World: Changing Attitudes in England 1500–1800.* Harmondsworth, U.K.: Penguin Books, 1984.

"Three–Cell Model." Available on–line. URL: www.cimms. ou.edu/ ~ cortinas/1014/125_html. October 2002.

"Trees and Air Pollution." *Science Daily Magazine.* Available on–line. URL: www.sciencedaily.com/releases/2001/01/010109223032.htm. November 1, 2001.

"The Tsunami Warning System." Available on–line. URL: www. geophys. washington.edu/tsunami/general/warning/warning. html. Accessed November 7, 2002.

U.N. Environment Programme. "The State of the Environment— Regional Synthesis," chapter 2 of *GEO–2000: Global Environment Outlook. Available on-line.* URL: www.unep.org/geo2000/english/0048. htm. Accessed October 21, 2002.

———. "Montreal Protocol." Available on–line. URL: www.unep.ch/ ozone/mont_t.shtml and www.unep.ch/treaties.shtml. Accessed October 21, 2002.

USA Today. "Understanding Clouds and Fog." Available on–line. URL: www.usatoday.com/weather/wfog.htm. Updated April 22, 2002.

U.S. Department of Agriculture Forest Service. "American Semidesert and Desert Province." Available on–line. URL: www.fs.fed.us/ colorimagemap/images/322.html. Accessed October 23, 2002.

U.S. Environmental Protection Agency. "About EPA." Available on–line. URL: www.epa.gov/epahome/aboutepa.htm. Updated August 8, 2002.

———. "Acid Rain." Available on–line. URL: www.epa.gov/

airmarkets/acidrain. Updated October 17, 2002.

———. "Air." Available on–line. URL: www.epa.gov/ebtpages/air. html. Updated October 21, 2002.

———. "Air Toxics from Motor Vehicles." Fact Sheet OMS–2. Available on–line. URL: www.epa.gov/otaq/02–toxic.htm. Updated July 20, 1998.

———. "Clean Air Act." Available on–line. URL: www.epa.gov/oar/ oaq_caa.html. Updated March 29, 2002.

———. "Emissions Summary." Office of Air Quality Planning and Standards. Available on–line. URL: www.epa.gov/oar/emtrnd94/em_ summ.html. August 1, 2002.

———. "Environmental Laws that Establish the EPA's Authority." Available on–line. URL: www.epa.gov/history/org/origins/ laws.htm. Updated August 12, 2002.

———. "Radioactive Waste Disposal: An Environmental Perspective." Available on–line. URL: www.epa.gov/radiation/radwaste/ index.html. Updated October 21, 2002.

U.S. Geological Survey. Available on–line. URL: www.usgs.gov. Last modified November 1, 2002.

———. "The Cataclysmic 1991 Eruption of Mount Pinatubo, Philippines." Fact Sheet 113–97. Available on–line. URL: http:// geopubs.wr.usgs.gov/fact–sheet/fs 113–97.January 12, 2002.

———. "Drought Watch: Definitions of Drought. " Available on–line. URL: http://md.water.usgs.gov/drought/define.html. Updated June 17, 2000.

———. "Flash Flood Laboratory." Available on–line. URL: www.cira. colostate.edu/fflab/international.htm. Accessed November 7, 2002.

———. "Prediction." Available on–line. URL: www.cira.colostate. edu/fflab/prediction.htm. Accessed November 7, 2002.

———. "Tsunamis and Earthquakes." Available on–line. URL: http://walrus.wr.usgs.gov/tsunami. Last modified August 3, 2001.

Visbeck, Martin. "North Atlantic Oscillation." Available on–line. URL: www.ldeo.columbia.edu/ ~ visbeck/nao/presentation/html/img0. htm. Downloaded March 11, 2003.

Volk, Tyler. *Gaia's Body: Towards a Physiology of Earth.* New York: Copernicus, 1998.

Waggoner, Ben. "Louis Agassiz (1807–1873)." University of California, Berkeley. Available on–line. URL: www.ucmp.berkeley. edu/ history/agassiz.html. Accessed November 19, 2002.

The Weather Channel. "Forecasting Floods." *Storm Encylopedia.* Available on–line. URL: www.weather.com/encyclopedia/flood./forecast. html. Accessed November 7, 2002.

"Weather Satellites." SpacePix. Available on–line. URL: www. spacepix.net/weather. Accessed January 14, 2003.

"Weather Satellites and Instruments." Boeing. Available on–line. URL: www.boeing.com/defense–space/space/bss/weather/weather.html. Accessed January 14, 2003.

"Weather Satellites— Types." University of Wisconsin, Stout. Available on–line. URL: http://physics.uwstout.edu/wx/wxsat/types.htm.

Accessed January 14, 2003.

"What Is Drought? Understanding and Defining Drought." National Drought Mitigation Center. Available on–line. URL: http://drought .unl. edu/whatis/concept.htm. Accessed October 24, 2002.

Williams, Sara. "Soil Texture: From Sand to Clay." Available on–line. URL: www.ag.usask.ca/cofa/departments/hort/hortinfo/misc/soil.html. Accessed October 24, 2002.

Willis, Bill. "Weather Fronts." Available on–line. URL: www. wcscience.com/weather/fronts.html. Accessed November 26, 2002.

World Health Organization. "Air Pollution." *Fact Sheet No. 187.* Available on–line. URL: www.who.int/inf–fs/en/fact187.html. Revised September 2000.

World Meteorological Organization. Geneva: Secretariat (Home Page). Available on–line. URL: www.wmo.ch/index–en.html. Accessed April 23, 2003.

World Nuclear Association. "Safety of Nuclear Power Reactors." Available on–line. URL: www.world–nuclear.org/info/inf06appprint.htm. July 2002.

Wouk, Victor. "Hybrid Electric Vehicles." *Scientific American,* October 1997. Available on–line. URL: www.sciam.com/1097issue/1097wouk.html.

Zavisa, John. "How Lightning Works." Howstuffworks. Available on–line. URL: www.howstuffworks.com/lightning.htm. Accessed November 4, 2002.